普通高等教育“十二五”规划教材

大学计算机基础项目式教程实验指导

——Windows 7＋Office 2010

主　审　骆耀祖
主　编　叶丽珠　马焕坚

北京邮电大学出版社
·北京·

内容简介

《大学计算机基础项目式教程实验指导——Windows 7+Office 2010》是《大学计算机基础项目式教程——Windows 7+Office 2010》一书的配套教材，主要包括5个模块：上机实训、举一反三、基础知识习题、模拟试题集和参考答案。本书针对《大学计算机基础项目式教程——Windows 7+Office 2010》一书的每一个章节，精心编排了相应的上机实训内容，在举一反三模块中所设计的各个任务，能更好地加深、巩固读者所学的理论知识，提高读者的综合应用能力和动手能力。

本书内容丰富翔实、语言通俗易懂，注重将每个任务与理论、实际问题相结合，提高读者对计算机技术的综合应用能力。力求通过各个任务的练习，培养读者对计算机的基本操作、办公应用、多媒体技术应用等方面的技能，以及利用计算机技术获取信息、处理信息、分析信息和发布信息的能力。本书可作为高等院校、高职高专院校应用型和技能型人才培养的计算机基础课程教材，也可供办公应用方面的培训人员以及初学者参考使用。

图书在版编目(CIP)数据

大学计算机基础项目式教程实验指导：Windows 7+Office 2010/叶丽珠，马焕坚主编. --北京：北京邮电大学出版社，2013.1(2015.9重印)

ISBN 978-7-5635-3381-7

Ⅰ.①大… Ⅱ.①叶…②马… Ⅲ.①电子计算机—高等学校—教学参考资料 Ⅳ.①TP3

中国版本图书馆CIP数据核字(2012)第316426号

书　　名：大学计算机基础项目式教程实验指导——Windows 7+Office 2010
主　　编：叶丽珠　马焕坚
责任编辑：付兆华
出版发行：北京邮电大学出版社
社　　址：北京市海淀区西土城路10号(邮编：100876)
发 行 部：电话：010-62282185　传真：010-62283578
E - mail：publish@bupt.edu.cn
经　　销：各地新华书店
印　　刷：北京源海印刷有限责任公司
开　　本：787 mm×1 092 mm　1/16
印　　张：10.5
字　　数：259千字
版　　次：2013年1月第1版　2015年9月第6次印刷

ISBN 978-7-5635-3381-7　　定　价：24.00元

· 如有印装质量问题，请与北京邮电大学出版社发行部联系 ·

前　　言

本书原型为《大学计算机基础实验教程》，2010年5月由骆耀祖主审、叶丽珠主编并由北京邮电大学出版社出版，得到了广大读者的好评和赞誉。在广东商学院华商学院丘兆福教授和众多读者的建议和支持下，编者完成了对原书的补充和修订工作，以"项目导向，任务驱动"为出发点，以"模块—项目—任务"的方式进行编写，每个任务按照"任务描述"、"任务分析"等环节展开，内容编写上参照了全国高等学校计算机水平考试Ⅰ级——"计算机应用"最新考试大纲(Office 2010版)，并对整体内容做了进一步梳理、修订和补充，使本书在质量上有了一个"与时俱进"的全面提升，并更名为《大学计算机基础项目式教程实验指导——Windows 7+Office 2010》。

本书是针对非计算机专业的计算机基础教育，专门为在校大学生及那些希望通过自学掌握计算机实用操作技能的广大学员编写。由具有丰富教学和等级考试辅导经验、长期从事计算机应用基础教学的一线教师编写。本书是《大学计算机基础项目式教程——Windows 7+Office 2010》一书的配套教材，它针对配套教材精心设计了相应的上机实训内容，提高读者理论应用于实践的能力。在举一反三模块中通过给出任务描述、任务分析，进一步提升读者的动手能力。读者通过练习模拟试题集中的各套试题，可以综合地巩固整本书的内容，以便更好地应对等级考试。

全书共分5个模块：上机实训、举一反三、基础知识习题、模拟试题集和参考答案。模块一、模块四、模块五的"模拟试题集参考答案"由叶丽珠编写，模块二、模块三由马焕坚编写，模块五的"基础知识习题参考答案"由潘光洋编写，模块五的"教程课后练习参考答案"由王雪凤编写，附录由郑冬花编写。最后由骆耀祖统稿和主审。

本书在编写过程中得到了广东商学院华商学院丘兆福教授和信息工程系各位同仁给予的大力支持和帮助，在此向他们表示深深的谢意。由于编者水平有限，书中难免有疏忽、错漏之处，恳请广大读者和专家批评指正。

选用本书的教师可登录北京邮电大学出版社 http://www.buptpress.com/免费下载上机实训、举一反三、模拟习题集的素材，以及上机实训、模拟习题集的参考答案等配套教学资源，也可发邮件至邮箱 jinbin_baby@163.com 索要。

作　者

目　　录

模块一　上机实训 …… 1

项目一　初识计算机 …… 1

实训一　组装机的选购 …… 1

实训二　检测硬件 …… 2

实训三　U 盘专杀工具的使用 …… 3

项目二　操作系统 Windows 7 …… 4

实训一　文件及文件夹操作 …… 4

实训二　文件的搜索及管理 …… 4

实训三　账户的设置及管理 …… 5

项目三　文档处理 Word 2010 …… 6

实训一　设计电子板报 …… 6

实训二　制作职工工资表 …… 7

实训三　毕业论文排版 …… 9

实训四　制作成绩通知单 …… 10

项目四　电子表格 Excel 2010 …… 11

实训一　制作成绩考核登记表 …… 11

实训二　制作学生成绩统计表 …… 13

实训三　图表的绘制与编辑 …… 14

实训四　统计产品销售表 …… 15

项目五　演示文稿制作 PowerPoint 2010 …… 18

实训一　制作飞舞的蝴蝶演示文稿 …… 18

项目六　多媒体应用 …… 19

实训一　动物照的美化 …… 19

实训二　Photoshop 文字路径的使用 …… 20

实训三　Flash 动画的制作 …… 20

项目七　信息检索与管理 …… 21

实训一　信息检索 …… 21

实训二　论文的制作 …… 21

项目八　网页制作 Dreamweaver CS5 …… 22

实训一　编辑个人网站 …… 22

模块二 举一反三 …… 24
项目一 初识计算机 …… 24
任务一 配置计算机硬件清单 …… 24
任务二 组装多媒体计算机 …… 25
任务三 优化及保护计算机 …… 25
项目二 操作系统 Windows 7 …… 25
任务一 个性化计算机 …… 25
任务二 管理文件及文件夹 …… 25
项目三 文档处理 Word 2010 …… 26
任务一 利用模板制作简历 …… 26
任务二 制作一份项目申请书 …… 26
任务三 制作贺卡 …… 27
任务四 制作职工信息表 …… 28
任务五 制作人事资料表 …… 28
任务六 制作企业刊物封面 …… 30
任务七 批量制作录取通知书 …… 30
项目四 电子表格 Excel 2010 …… 30
任务一 制作年度成本费用对比表 …… 30
任务二 统计商品采购明细表 …… 31
任务三 制作销售情况统计图 …… 33
任务四 统计分析职工工资表 …… 34
项目五 演示文稿制作 PowerPoint 2010 …… 35
任务一 制作新年快乐文稿 …… 35
任务二 制作生活真谛文稿 …… 36
任务三 制作企业文化宣传文稿 …… 37
项目六 多媒体应用 …… 38
任务一 衣服换色 …… 38
任务二 使用路径文字排版 …… 38
任务三 Flash 打字效果 …… 39
项目七 信息检索与管理 …… 39
任务一 专业发展现状及就业前景调查报告 …… 39
任务二 使用 OneNote 管理个人知识 …… 39
项目八 网页制作 Dreamweaver CS5 …… 40
任务一 为导航栏设置超链接 …… 40
任务二 创建表单 …… 40
任务三 创建下载链接 …… 41

任务四　编辑文本 …… 41

模块三　基础知识习题 …… 42

项目一　初识计算机 …… 42
项目二　操作系统 Windows 7 …… 45
项目三　文档处理 Word 2010 …… 50
项目四　电子表格 Excel 2010 …… 55
项目五　演示文稿制作 PowerPoint 2010 …… 61
项目六　多媒体应用 …… 64
项目七　信息检索与管理 …… 66
项目八　网页制作 Dreamweaver CS5 …… 67

模块四　模拟试题集 …… 70

模拟试题(一) …… 70
模拟试题(二) …… 75
模拟试题(三) …… 79
模拟试题(四) …… 84
模拟试题(五) …… 88
模拟试题(六) …… 92

模块五　参考答案 …… 98

一、基础知识习题参考答案 …… 98
项目一　初识计算机 …… 98
项目二　操作系统 Windows 7 …… 98
项目三　文档处理 Word 2010 …… 98
项目四　电子表格 Excel 2010 …… 98
项目五　演示文稿制作 PowerPoint 2010 …… 99
项目六　多媒体应用 …… 99
项目七　信息检索与应用 …… 99
项目八　网页制作 Dreamweaver CS5 …… 99
二、模拟试题集参考答案 …… 99
模拟试题(一)答案 …… 99
模拟试题(二)答案 …… 106
模拟试题(三)答案 …… 116
模拟试题(四)答案 …… 124
模拟试题(五)答案 …… 130
模拟试题(六)答案 …… 138

三、教程课后练习参考答案 …… 147
练习一(模块一 初识计算机) …… 147
练习二(模块二 操作系统 Windows 7) …… 148
练习三(模块三 文档处理 Word 2010) …… 148
练习四(模块四 电子表格 Excel 2010) …… 149
练习五(模块五 演示文稿制作 PowerPoint 2010) …… 151
练习六(模块六 多媒体应用) …… 152
练习七(模块七 信息检索与管理) …… 152
练习八(模块八 网页制作 Dreamweaver CS5) …… 153
附录 …… 154
参考文献 …… 159

模块一　上机实训

项目一　初识计算机

实训一　组装机的选购

实训目的

通过对组装机的选购，进一步了解计算机的硬件部件及其相关信息。

实训内容

1. 实训要求

根据自己使用计算机的目的，上网找出计算机的相关配件，并列出各配件的型号、参数及时价。

2. 实训分析

装机的过程主要分为以下几个步骤：选购配件、检查配件、组装配件及安装操作系统。在选购配件方面，首先要清楚计算机的必要配件，其次要考虑计算机的用途和价格。

计算机的一般应用方向可分为三类：①办公、日常上网娱乐、聊天；②玩 3D 游戏、单机游戏、网络游戏；③专业设计、平面设计、影视制作、3D 设计。

上面几种应用选购硬件的技巧如下。

① 对于第一类应用方向的，首先注重的是内存大小和速度，建议选购高频率的内存；其次是硬盘的转速和硬盘缓存大小。

② 对于第二类应用方向的，CPU 的频率要在 2.4 GB 以上，核心一般要双核或四核；显卡应该选购 NVIDIA GF9600GT、ATI HD4750 以上的显卡。

③ 对于第三类应用方向的，首先要注重 CPU 的处理能力，建议选购 Intel 中端以上的 CPU；其次是内存频率，应该选择频率大的内存；选购具备专业处理能力的图形卡。

以上所说的都是各种应用主要侧重的配件，在选好的同时也要注意其他配件的选取，注意整体配置的均衡化。

(1) CPU 的选购

① 主频。选购主频高的 CPU，但要有其他配件的配合。

② 核心数量。目前主流的是双核 CPU，可以考虑更多核的。

③ 缓存大小。选购缓存大的，一般是以 L1/L2/L3 为标注。

④ 制作工艺。选购制作工艺小的，一般以纳米(nm)为标注。

(2) 主板的选购

① 供电相数。选购供电相数较充足的主板。

② 芯片组。选购较新的芯片组，一般新的芯片组具有较强的兼容性。

③ I/O 接口数量。选购 I/O 接口数量较多的。

(3) 显卡的选购

① 显存类型。一般选购型号后面数字较大的。

② 显卡频率。显卡的核心频率、显存频率越高,处理的速度就越快。

③ 显存位宽。选购位宽大的。

④ 显存大小。一般要求在 256 MB 以上。

⑤ 制造工艺。和 CPU 一样,选购制作工艺小的。

(4) 内存的选购

① 内存类型。目前主流的是 DDR3 内存,未来将会有 DDR4、DDR5 内存。

② 内存频率。内存频率越大,运行速度就越快,DDR3 主流频率是 1 333 MHz。

③ 内存容量。目前主流是 4 GB,提高内存也是提高计算机运行速度的一个重要因素。

(5) 硬盘的选购

① 容量。一般选购 500 GB 的即可。

② 缓存大小。选购缓存大的,缓存至少要大于 16 MB。

③ 转速。目前主流转速 7 200 转/秒,转速越高存取速度越快。

④ 盘片数量。盘片数量越少,存取速度就越快。

实训结果

配置一台既方便学习,又能玩游戏(网游、一般的 3D 游戏等)的计算机。参考 2012 年 2 月份的市场情况,其配置清单如表 1-1 所示。

表 1-1 配置清单

配件	型号	参数	时价/元(参考)
主板	黑潮 BI-810	5 相电路;Inter H61 芯片组等	398
CPU	Pentium G620/盒装	2.6 GHz 主频;双核	395
内存	KVR1333D3N9/4G	DDR3;4 GB 内存	130
硬盘	希捷 ST3500410AS	500 G 容量;7 200 转/秒转速;16 MB 缓存	560
显卡	GTS450-512D5 雷霆版	512M 显存;783 MHz 显存频率;256 bit 核心位宽	699
电源	VP450P		299
机箱	大水牛 A1011(空箱)		159
显示器	AOC E2251Fw	21.5 英寸;WLED 背光类型	899
键盘、鼠标	富勒 U79		79
合计			3 618

实训二 检测硬件

实训目的

通过对计算机硬件的检测,清楚计算机各配件的信息和“健康”状况。

实训内容

1. 实训要求

应用鲁大师软件对计算机进行检测,获取计算机硬件的相关信息。

2. 实训分析

鲁大师是新一代的系统工具，它能轻松辨别计算机硬件真伪，保护计算机稳定运行，优化清理系统，提升计算机运行速度。

📖 实训结果

鲁大师的运行界面如图 1-1 所示，显示了计算机硬件概览和各配件温度。

图 1-1　鲁大师

实训三　U 盘专杀工具的使用

📖 实训目的

随着 U 盘等移动存储设备的普及，U 盘病毒也泛滥起来，用户掌握快速清除 U 盘病毒的方法是很有必要的。

📖 实训内容

1. 实训要求

应用 U 盘病毒专杀工具扫描自己的移动存储设备。

2. 实训分析

上网搜索“U 盘病毒专杀工具”，并下载“USBCleaner”应用程序。在 USBCleaner 的目录中运行主程序“USBCleaner. exe”。通过单击主界面的“检测移动盘”按钮来完成操作。

📖 实训结果

USBCleaner 6.0 的运行界面如图 1-2 所示。

图 1-2　USBCleaner 6.0

项目二　操作系统 Windows 7

实训一　文件及文件夹操作

实训目的

熟练掌握对文件和文件夹的创建、复制、移动、重命名、删除和创建快捷方式等操作。

实训内容

1. 实训要求

以下操作要求用户在较快的时间内完成,并不断优化操作过程。

在 D 盘目录下创建名为“EXERCISE”文件夹;打开“EXERCISE”文件夹,在里面创建名称分别为“USER”、“WORD”、“EXCEL”、“PICTURE”、“MUSIC”和“ELSE”的文件夹。在“WORD”文件夹中新建 8 个 WORD 文档,文档名为“WORD1”、“WORD2”、…、“WORD8”;在“EXCEL”文件夹中新建 8 个 EXCEL 工作表,文件名为“EXCEL1”、“EXCEL2”、…、“EXCEL8”。将文件“WORD1”、“WORD2”、“WORD3”、“EXCEL1”、“EXCEL3”和“EXCEL5”复制到“USER”文件夹里。永久删除“USER”文件夹下的“WORD3”和“EXCEL3”文件。

2. 实训分析

涉及的操作要点有文件和文件夹的创建、选择、复制和粘贴、删除。

实训结果

本实训注重操作过程,操作结果相对简单,这里不再列出。

实训二　文件的搜索及管理

实训目的

熟练地对文件和文件夹进行查找、创建快捷方式及修改属性等操作。

实训内容

1. 实训要求

在C盘"System32"文件夹中查找扩展名为". exe"，大小不大于10 KB的文件，并复制到自己新建的"ELSE"文件夹中。

2. 实训分析

① 查找"System32"文件夹：可以在C盘窗口搜索框中输入文件夹名。

② 查找扩展名为". exe"的文件：可在"System32"文件夹下搜索"＊. exe"。

③ 文件体积的筛选：将窗口视图方式设置为"详细信息"；按文件大小进行排序。

实训结果

搜索结果如图1-3所示，仅供参考。

图1-3　搜索结果

实训三　账户的设置及管理

实训目的

掌握用户账户的创建及其管理方法。

实训内容

1. 实训要求

为自己的计算机创建一个标准用户，并限制标准用户的上机时间为只在周末对其开放。

2. 实训分析

主要是"家长控制"功能的应用。

实训结果

"时间限制"设置如图1-4所示。

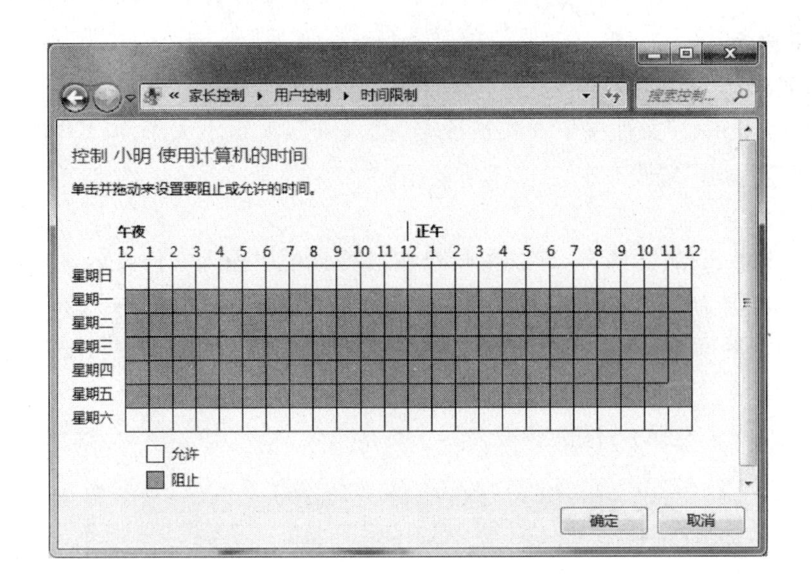

图 1-4　时间限制

项目三　文档处理 Word 2010

实训一　设计电子板报

实训目的

利用 Word 2010 强大的文档排版功能(字符排版、段落排版、页面排版、多栏编排、图文混排、艺术字等)设计图文并茂、内容丰富的电子板报。

实训内容

1. 实训要求

① 打开文档“板报设计.docx”,进行页面设置。纸张规格:A4(21 cm×29.7 cm),纸张方向:横向。页边距调整:上边界为 3.1 cm,下边界为 3.1 cm,左边界为 3.2 cm,右边界为 3.2 cm。

② 将文档显示方式调整为“页面视图”,并调整“显示比例”为 100%。

③ 将全文分三栏显示,栏间加分隔线,并设置如下值:一栏栏宽为 7 cm,栏间距为 0.75 cm;二栏栏宽为 6.8 cm,栏间距为 0.75 cm;三栏栏宽为自动调整;应用范围为整个文档。

④ 全文字体设置为宋体、小五号;其中,“古今第一长联”:楷体、四号;联内诗句:黑体、小五号。通过“打印预览”观察分栏效果,使所有文字均在同一页。

⑤ 制作“凡事多往好的方面想”标题,具体如下。

在文章首行插入样张所示图片,然后再插入一文本框,框线无颜色,无填充。

在所绘文本框内输入“凡事多往好的方面想”几个汉字。并将之设定为:楷体、小四号、红色。自己适当调整图形对象的大小如样张所示。

⑥ 在第一栏插入如样张所示的趣味图片。其中“危险”字样的背景色为橘黄色。

⑦ 制作如样张所示“师生问读”标题：

要求：“师生问读”为仿宋体、小四号、居中；背景色为天蓝色。

⑧ 制作“庄子与伊人神游”标题：

如样张所示插入艺术字标题，自己适当调整图形的大小。

⑨ “精品屋”的制作：

- 首先对长诗进行段落设置：选定长诗，设置左缩进 2 厘米，右缩进 0 厘米。
- 插入如图所示玫瑰花作为长诗的底纹图案。
- 如样张所示插入房门图片，然后在图片上加上竖排文本框，框内加上“精品屋”三字：宋体、四号、红色。文本框边框和底纹都设置为无。

⑩ 将排版后的文档，以“板报设计结果.docx”为文件名保存在计算机的 D 盘。

2. 实训分析

涉及的操作要点有页面设置、分栏、文字格式化、段落格式化、插入艺术字、插入文本框、插入图片、插入自选图形。

实训结果

电子板报设计结果如图 1-5 所示。

凡事多往好的方面想

你是不是常常这样想：“事事总是不如我愿”、“我老是把事情弄得一团糟”。这些内心话对你一生的影响比任何其它力量都大。在你人生旅途上，这些思想就是你的领航员。要是思想灰暗悲观，你的一生也注定会是如此，因为你那些消极泄气的话，根本不能给你什么支持鼓励，只会打击自信心。简言之，要心情好，凡事就得要向好的方向想。下面是一些可行的方法。

苏珊第一次去见她的心理医生，一开口就说：“医生，我想你是帮不了我的，我实在是个很糟糕的人，老是把工作搞得一塌糊涂。肯定会给辞掉。”

针对苏珊的情况，心理医生要她以后把心里想到的话记下来，尤其是在晚上睡不着时想到的话。在他们第二天见面时，苏珊列下了这样的话：“我其实并不怎么出色，我之所以能够冒出头来全是侥幸。”“明天定会大祸临头，我从没主持过会议。”“今天早上老板满脸怒容，我做错了什么呢？”

她承认说：“单在第一天里，我列下了 26 个消极思想，难怪我经常觉得疲倦，意志消沉。”苏珊听到自己把忧虑和害怕的事念出来，才发觉自己为一些假想的灾祸浪费了太多的精力，如果你感到情绪低落，可能是因为你也像苏珊那样，老是在给自己灌输消极的信息。如果是这样，建议你听听自己内心在说的话。把这些话说出来或写下来，久而久之，你会发现许多消极的念头都是多虑。你便能控制自己的思想，而不是被思想套牢了。那时你的思想和行动亦会改变。

芙兰在心里常常对自己说：“我只是个秘书”，马克则常提醒自己“我仅仅是个推销员”。“只是”和“仅仅是”这些字眼不但贬低他们的工作，也贬低了他们自己。

把消极的字眼剔掉，你便能找出你给自己带来的损害。对芙兰和马克来说，“只是”和“仅仅是”正是罪魁祸首。一旦这些字眼剔除了，变成“我是个推销员”或“我是个秘书”，它们的含义就大为不同，而且在后面还可以接上一些积极的话。例如：“我可以干得比别人好些”，这样你对生活就会充满信心。

师生问读

韦乐教师正在上文学课。一位爱赶时髦的女学生问他是否读过当今流行的一本畅销书。韦乐教师承认他没有读过。于是她大声责备道：“你可得抓紧呀，它都发三个月了！”

韦乐教师严肃地问：“姑娘，你读过但丁的《神曲》吗？没有？那你可得抓紧呀，它都问世好几百年了！”

庄子与伊人神游

庄子和伊人在河边垂钓。一位老叟背负着重物，佝偻着腰踽踽地走来，庄子问伊人：“他负着什么东西？”伊人侧头望了一下，答道：“是十字架。”庄子不明白。伊人告诉他十字架是什么东西；接着推测说：“那老叟也许有什么罪孽，才背负着它吧。”老叟走近了，伊人对他说：“放下十字架，来歇一会儿。”老叟摇摇头：“不行啊。”“你背着它很久了吗？”伊人问。“很久了！”老叟叹息道，“早年我年少时，我遇见一个背着这十字架的人，他让我代背一下，自己却隐匿不见了，我到处寻他，至今没有寻到 。”老叟长叹一声，“须找到那个人，或寻个替身，我才能从这重负下脱身。”老叟蹒跚而去。庄子和伊人钓得了大半篓的鱼，正在欢喜时，忽见有个少年负着十字架，很吃力地渐渐走来，伊人和庄子愕然放下了钓竿。伊人问少年：“这十字架，是不是有个老叟让你背的？”少年从十字架下抬起头说：“是啊，他求我代背一下，却不知他到哪儿去了？”庄子愀然叹道：“罪孽啊！那老叟如若原是可悯的话，如今却正是他罪孽的肇始了。”庄子和伊人起身，帮少年卸下沉重的十字架，将它剁成碎片，然后点燃它，用来烤鱼肉。十字架化为灰烬，鱼烤熟了，庄子、伊人和少年欢享鱼的美味。

古今第一长联

五百里滇池，奔来眼底，披襟岸帻，[illegible]空阔无边，看东骧[illegible]北走蜿蜒，[illegible]人韵士，何妨选胜登[illegible]螺洲，梳裹就风鬟[illegible]苹天苇地，点缀些翠羽丹霞，[illegible]负四围香稻，万顷晴沙，[illegible]芙蓉，三春[illegible]。

数千[illegible]，注到心头，把酒凌虚，叹[illegible]滚英雄谁在？想汉习楼船，[illegible]，宋挥玉斧，元跨革囊，伟[illegible]，费尽移山心力，尽珠帘画栋，卷不尽暮雨朝云。便断碣残碑，都付与苍烟落照。只赢得几杵疏钟，半江渔火，两行秋雁，一枕清霜。

图 1-5　“板报设计结果”效果

实训二　制作职工工资表

实训目的

利用 Word 2010 丰富的制表功能，制作职工工资表。

实训内容

1. 实训要求

① 使用插入表格的方法创建一个 5 行 4 列的表格。

② 给该表格绘制斜线表头。

③ 在表格中输入内容，如图 1-6 所示。

工资 姓名	基本工资	津贴	奖金
张三	500	500	800
李四	500	300	600
王五	500	300	500
赵六	500	500	700

图 1-6　表格内容

④ 在表格最右边插入一列，输入列标题“实发工资”；在表格最下边插入一行，输入行标题“平均值”。

⑤ 在表格上面插入表标题，内容为“职工工资表”，字体为黑体，字号为四号，居中对齐。

⑥ 将表格中所有单元格设置为水平居中、垂直居中，设置整个表格水平居中。

⑦ 在表格中，使用公式计算各职工实发工资以及各项工资的平均值。

⑧ 将表格中的数据按照“实发工资”降序排列。

⑨ 设置表格外框线为 2.25 磅的粗线，内框线为 1 磅的细线。

⑩ 设置表格第一行下框线为双线型。

⑪ 为表格第一行添加青绿色底纹。完成后，把该文档以“职工工资表.docx”命名保存在计算机的 D 盘。

2. 实训分析

涉及的操作要点有插入表格、编辑表格、输入表格内容、绘制斜线表头、设置表格边框和底纹、简单数据计算。

📖 实训结果

职工工资表结果如图 1-7 所示。

职工工资表

工资 姓名	基本工资	津贴	奖金	实发工资
张三	500	500	800	1800
赵六	500	500	700	1700
李四	500	300	600	1400
王五	500	300	500	1300
平均值	500	400	650	1550

图 1-7　“职工工资表”效果

实训三 毕业论文排版

实训目的

利用 Word 2010 的排版功能，对毕业论文进行排版。

实训内容

1. 实训要求

① 页面设置：统一用 A4 纸(210 mm×297 mm)，边距设为上 2.54 cm、下 2.54 cm、左 3 cm、右 2.2 cm；行距为固定值 20 磅。

② 中英文摘要设置：中文标题“内容摘要”四个字用三号粗黑体，其正文用四号宋体。英文内容摘要即标题词“Abstract”用三号 Times New Roman 字体加粗，其正文用 Times New Roman 四号。中英文摘要正文均以空两格格式开始行文。中文的“关键词”和英文的“Key words”分别用黑体四号和 Times New Roman 四号，并加粗左对齐。正文分别用四号宋体和四号 Times New Roman。

③ 毕业论文中的英文均采用 Times New Roman 字体，其字体号与其相应的部分(注：正文、注释等)一致。

④ 论文正文中，换章必须换页，没有按章节安排结构的无须换页。

⑤ 第一级标题用三号粗黑体，居中且段前段后各一行。

⑥ 第二级标题用小三黑体，靠左空两个字符，上下空一行。

⑦ 第三级标题用四号黑体，靠左空两个字符，不空行。

⑧ 正文小四号字宋体，行距为固定值 20 磅。

⑨ 图题及图中文字用 5 号宋体。

⑩ 参考文献另起一页，参考文献标题用三号粗黑体，居中上下空一行，参考文献正文为五号宋体，英文参考文献正文用 Times New Roman 五号。

⑪ 附录标题用三号粗黑体，居中上下空一行，附录正文为小四号宋体。

⑫ 致谢标题用三号粗黑体，居中上下空一行，致谢正文为小四号宋体。

⑬ 注释标题用三号粗黑体，居中上下空一行，参考文献正文为五号宋体，英文参考文献正文用 Times New Roman 五号。

⑭ 目录设置：在英文摘要下一页插入论文目录。目录格式：目录标题用宋体三号加粗，下空一行。一级标题用黑体四号加粗，二级和三级标题用宋体四号，目录行间距为 25 磅。目录要更新到最终状态。

⑮ 页眉从正文页开始设置。页眉靠左的部分为：广东××学院；靠右的部分为论文的题目。字体采用黑体小五号。

⑯ 页脚从正文页开始设置页码。页码采用五号黑体，加粗居中放置，格式：第 1 页。

2. 实训分析

涉及的操作要点有页面设置、字体格式化、段落格式化、样式的使用、添加页眉和页脚、插入页码、插入目录。

实训结果

毕业论文排版结果如图 1-8 所示。

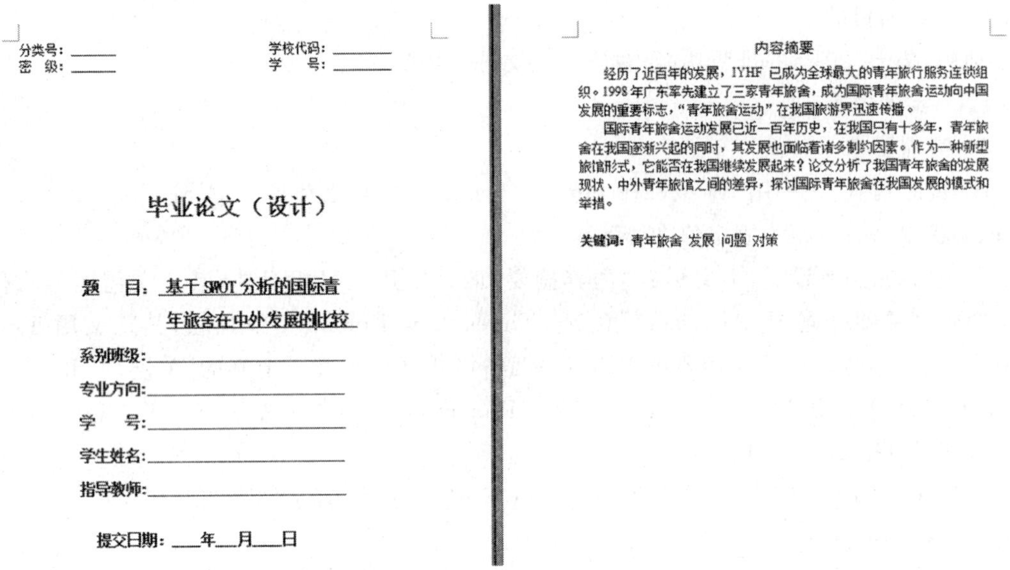

分类号：_____ 学校代码：_____
密 级：_____ 学 号：_____

毕业论文（设计）

题 目：基于 SWOT 分析的国际青年旅舍在中外发展的比较

系别班级：__________
专业方向：__________
学 号：__________
学生姓名：__________
指导教师：__________

提交日期：___年___月___日

内容摘要

经历了近百年的发展，IYHF 已成为全球最大的青年旅行服务连锁组织。1998 年广东率先建立了三家青年旅舍，成为国际青年旅舍运动向中国发展的重要标志，“青年旅舍运动”在我国旅游界迅速传播。

国际青年旅舍运动发展已近一百年历史，在我国只有十多年，青年旅舍在我国逐渐兴起的同时，其发展也面临着诸多制约因素。作为一种新型旅馆形式，它能否在我国继续发展起来？论文分析了我国青年旅舍的发展现状、中外青年旅馆之间的差异，探讨国际青年旅舍在我国发展的模式和举措。

关键词：青年旅舍 发展 问题 对策

图 1-8 毕业论文排版效果

实训四 制作成绩通知单

实训目的

利用 Word 2010 的邮件合并功能，制作成绩通知单。

实训内容

1. 实训要求

以“成绩通知单. docx”为主文档、以“成绩数据表. docx”为数据源文档进行邮件合并，将最后合并的新文档以“成绩通知单结果. docx”为文件名保存在计算机的 D 盘。

2. 实训分析

涉及的操作要点有邮件合并。

实训结果

邮件合并结果如图 1-9 所示。

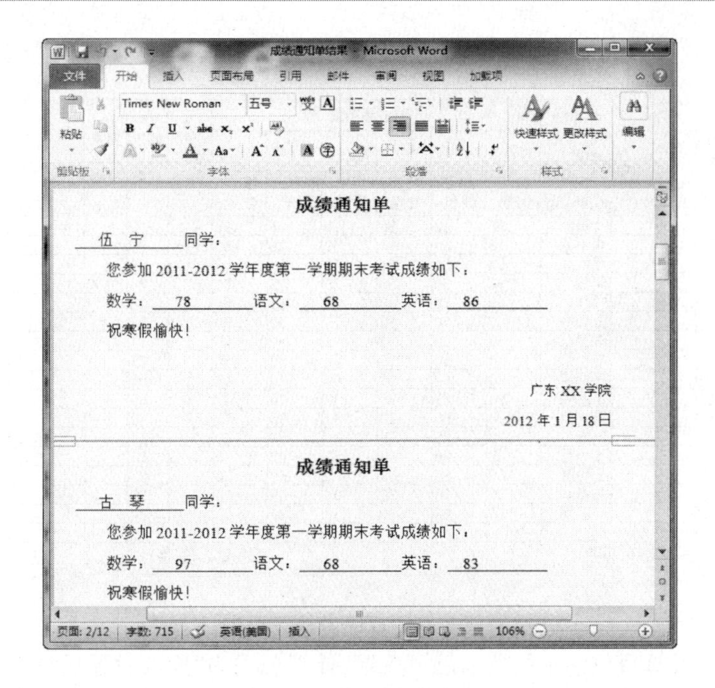

图 1-9　成绩通知单结果

项目四　电子表格 Excel 2010

实训一　制作成绩考核登记表

📖 实训目的

使用 Excel 2010 的基本操作(工作簿、单元格、工作表的基本操作,工作表的格式化,数据的输入与填充等)设计并格式化成绩考核登记表。

📖 实训内容

1. 实训要求

① 新建一个工作簿,在"Sheet1"工作表制作如图 1-10 所示的成绩考核登记表。将"Sheet1"工作表重命名为"成绩考试登记表",并将工作簿保存为"实训一 成绩考核登记表"。

② 按图 1-10 所示输入成绩考核登记表的内容。

③ 将表格的第一行标题"××学院计算机应用基础课程"合并及居中(单元格区域 A1:L1),字体格式设置为隶书、18 号、黑色、加粗。

④ 将表格的第二行标题"成绩考核登记表"合并及居中(单元格区域 A2:L2),字体格式设置为黑体、16 号、黑色、加粗。

⑤ 在表格的第二行后面插入 2 行,然后输入第三行标题:(2011—2012 学年第二学期);第四行标题:商务英语专业 11 级 8 班;字体格式设置为宋体、12 号、黑色。

⑥ 将表格的列标题(即第 5 行至第 7 行)加上灰色－25%底纹,字体为宋体、11 号、黑色。

⑦ 将表格除标题行以外其他内容对齐方式设置为垂直、水平均居中,行高设置为 16。

⑧ 将表格的外边框线设为双实线,内边框线设为细实线。

⑨ 使用数据填充在"学号"列输入学生的学号,如 2011040101、2011040102、…、2011040116。

⑩ 使用公式计算每位学生的平时成绩总评,计算方式为每位学生平时成绩明细之和除以 6,并设置平时成绩总评为整数。

	A	B	C	D	E	F	G	H	I	J	K	L	M
1	××学院计算机应用基础课程												
2	成绩考核登记表												
3	学号	项目	平时成绩明细						平时成绩总评	期末上机成绩	期末总评成绩	备注	
4		日期 考核 成绩 方式	10/03	01/04	06/05	28/05	10/06	22/06					
5		姓名	实上训机	实上训机	报实告验	实上训机	实上训机	报实告验					
6		叶晓丽	90	92	98	90	95	96		78			
7		赖小艳	60	60	60	60	76	50		91			
8		邓敏	60	80	80	60	75	75		69			
9		何倩	90	80	80	75	85	60		76			
10		郑辉	60	60	60	60	85	65		88			
11		王志敏	80	80	90	75	90	90		84			
12		李素花	90	90	92	92	90	95		87			
13		刘小荣	90	90	75	75	90	80		69			
14		钟燕清	60	60	60	60	40	45		50			
15		张丽丽	90	85	85	90	40	40		66			
16		吴小清	90	90	70	90	85	75		69			
17		杨玲	70	85	85	60	80	80		82			
18		叶小芬	85	90	80	85	40	70		69			
19		王静屏	60	65	55	60	60	50		83			
20		关春玲	70	60	70	60	45	80		76			
21		何敏灵	60	66	60	65	80	70		84			
22													
23	任课教师(签盖)：____							系负责人(签盖)：____					
24	月　日										月　日		

图 1-10　成绩考核登记表

⑪ 使用公式计算每位学生的期末总评成绩，计算公式为“期末总评成绩＝平时成绩总评＊30%＋期末上机成绩＊70%”，并设置期末总评成绩为整数。

⑫ 使用“条件格式”将“期末总评成绩”高于85分(包括85分)的标为蓝色加粗，低于60分的标为红色加粗。

2. 实训分析

实训一用到的知识要点有工作簿、单元格、工作表的基本操作；数据的输入与填充；工作表的格式化；使用公式进行计算。

实训结果

成绩考核登记表的制作结果如图1-11所示。

	A	B	C	D	E	F	G	H	I	J	K	L	M
1	××学院计算机应用基础课程												
2	成绩考核登记表												
3	(2011-2012 学年第 二 学期)												
4	商务英语 专业 11 级 8 班												
5	学号	项目	平时成绩明细						平时成绩总评	期末上机成绩	期末总评成绩	备注	
6		日期 考核 成绩 方式	10/03	01/04	06/05	28/05	10/06	22/06					
7		姓名	实机	实机	报验	实机	实机	报验					
8	2011040101	叶晓丽	90	92	98	90	95	96	94	78	83		
9	2011040102	赖小艳	60	60	60	60	76	50	61	91	82		
10	2011040103	邓敏	60	80	80	60	75	75	72	69	70		
11	2011040104	何倩	90	80	80	75	85	60	78	76	77		
12	2011040105	郑辉	60	60	60	60	85	65	65	88	81		
13	2011040106	王志敏	80	80	90	75	90	90	84	84	84		
14	2011040107	李素花	90	90	92	92	90	95	92	87	88		
15	2011040108	刘小荣	90	90	75	75	90	80	83	69	73		
16	2011040109	钟燕清	60	60	60	60	40	45	54	50	51		
17	2011040110	张丽丽	90	85	85	90	40	40	72	66	68		
18	2011040111	吴小清	90	90	70	90	85	75	83	69	73		
19	2011040112	杨玲	70	85	85	60	80	80	77	82	80		
20	2011040113	叶小芬	85	90	80	85	40	70	75	69	71		
21	2011040114	王静屏	60	65	55	60	60	50	58	83	76		
22	2011040115	关春玲	70	60	70	60	45	80	64	76	72		
23	2011040116	何敏灵	60	66	60	65	80	70	67	84	79		
24													
25	任课教师(签盖)：____							系负责人(签盖)：____					
26	月　日										月　日		

图 1-11　成绩考核登记表操作结果

实训二 制作学生成绩统计表

实训目的

使用 Excel 2010 提供的公式和丰富的函数对学生成绩表进行统计。

实训内容

1. 实训要求

① 打开“实训二 学生成绩统计表”工作簿,其 Sheet1 工作表内容如图 1-12 所示。

	A	B	C	D	E	F	G	H	I	J	K	L	M	N	O
1	2011级XX班成绩表														
2	成绩 学科 学号	姓名	性别	大学心理学	高等数学	大学英语	计算机应用基础	思想道德修养	总分	名次	等级	分段点	统计不同分数段人数	产生12个随机数	
3	2011050201	张三	男	75	75	65	97	88							
4	2011050202	李四	男	92	58	76	84	66							
5	2011050203	王五	女	64	46	90	35	38							
6	2011050204	叶小飞	男	78	74	65	70	85							
7	2011050205	张晋晋	男	90	84	88	80	90							
8	2011050206	刘欣然	女	73	68	82	64	88							
9	2011050207	林子涵	男	60	56	52	60	49							
10	2011050208	杨亲敬	女	78	91	54	87	96							
11	2011050209	王菊	男	68	68	75	88	79							
12	2011050210	陈小平	女	76	65	74	86	82							
13	2011050211	林露露	女	85	80	78	92	85							
14	2011050212	邓锋	男	90	92	89	95	90							
15	数据统计	平均分:													
16		最高分:													
17		最低分:													
18		及格人数:													
19		及格率:													
20															

图 1-12 学生成绩统计表

② 使用函数计算每位学生的总分。

③ 使用函数计算每门课程的平均分、最高分、最低分、及格人数和及格率。

④ 根据每位学生的总分计算其排名(提示:使用 RANK 函数)。

⑤ 设置计算后的平均分小数点保留 2 位,及格率用百分比表示。

⑥ 根据学生的总分统计等级,如果总分大于 425 分,则等级为优秀;400≤总分<425,则等级为良好;300≤总分<400,则等级为合格;总分<300,则等级为不合格(提示:使用 IF 函数)。

⑦ 使用频率分布统计函数统计不同分数段:总分≥425 分,400≤总分<425,300≤总分<400,总分<300 分别有多少人?(提示:使用 FREQUENCY 函数,且显示计算结果时需要同时按“Ctrl+Shift+Enter”组合键)。

⑧ 产生 12 个介于[100,150]间的随机整数(提示:使用 RAND 函数)。

2. 实训分析

实训二用到的知识要点有单元格地址的引用;公式和函数的使用。

实训结果

学生成绩表的统计结果如图 1-13 所示。

	A	B	C	D	E	F	G	H	I	J	K	L	M	N
1	2011级XX班成绩表													
2	成绩 学科 学号	姓名	性别	大学心理学	高等数学	大学英语	计算机应用基础	思想道德修养	总分	名次	等级	分段点	统计不同分数段人数	产生12个随机数
3	2011050201	张三	男	75	75	65	97	88	400	5	良好	299	2	105
4	2011050202	李四	男	92	58	76	84	66	376	8	合格	399	5	142
5	2011050203	王五	女	64	46	90	35	38	273	12	不合格	425	3	124
6	2011050204	叶小飞	男	78	74	65	70	85	372	10	合格		2	126
7	2011050205	张晋晋	男	90	84	88	80	90	432	2	优秀			123
8	2011050206	刘欣然	女	73	68	82	64	88	375	9	合格			104
9	2011050207	林子涵	男	60	56	52	60	49	277	11	不合格			103
10	2011050208	杨亲敬	女	78	91	54	87	96	406	4	良好			134
11	2011050209	王菊	男	68	68	75	88	79	378	7	合格			113
12	2011050210	陈小平	女	76	65	74	86	82	383	6	合格			112
13	2011050211	林露露	女	85	80	78	92	85	420	3	良好			127
14	2011050212	邓锋	男	90	92	89	95	90	456	1	优秀			144
15	数据统计	平均分:		77.42	71.42	74.00	78.17	78.00						
16		最高分:		92	92	90	97	96						
17		最低分:		60	46	52	35	38						
18		及格人数:		12	9	10	11	10						
19		及格率:		100%	75%	83%	92%	83%						
20														

图 1-13　学生成绩表统计结果

实训三　图表的绘制与编辑

实训目的

使用 Excel 2010 的图表功能，对工作表中的数据用图表描述。

实训内容

1. 实训要求

打开“实训三 图表”工作簿，Sheet1 工作表的数据如图 1-14 所示。

① 以 Sheet1 工作表的 A2:G5 区域中的数据建立一个以城市为分类轴的三维簇状柱形图，图表标题为“A 旅游公司游客人数”；图例放在图表的底部；并将图表放在名为“游客对比”的新工作表中。

	A	B	C	D	E	F	G	H
1	A旅游公司游客人数							
2		广州	巴黎	上海	东京	纽约	北京	
3	一月	677	528	904	680	530	1000	
4	二月	984	540	239	800	570	400	
5	三月	703	864	351	720	860	680	
6	四月	602	581	301	650	600	980	
7								

图 1-14　Sheet1 工作表数据

② 在创建的图表中删除“二月”数据系列。

③ 将 Sheet1 工作表的 A4:G4 和 A6:G6 区域中的数据添加到图表中。

④ 调整图表中数据系列的次序，使其按“一月”、“二月”……依次类推的顺序排列。

⑤ 将图表中的数值轴的主要刻度值设为 300，并给最高数据点标上值。

⑥ 将图表区的字体设置为 20 号、蓝色，并用蓝色面巾纸作为图表背景。

2. 实训分析

实训三用到的知识要点有创建图表、编辑图表、格式化图表。

📖 实训结果

创建、编辑后的图表效果如图 1-15 所示。

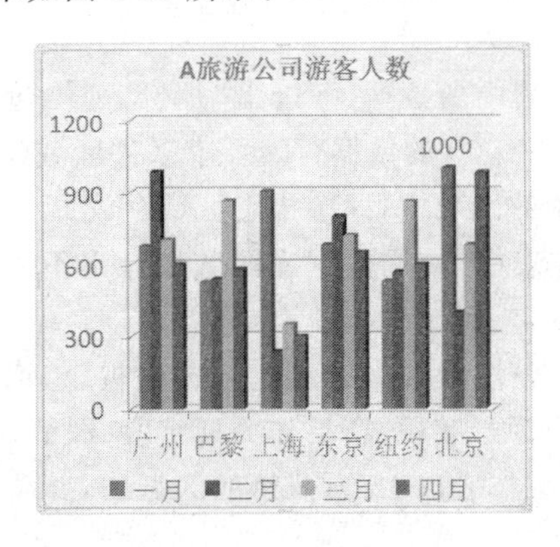

图 1-15　任务三创建的图表效果

实训四　统计产品销售表

📖 实训目的

使用 Excel 2010 的数据管理功能，对产品销售表一览进行统计。

📖 实训内容

1. 实训要求

打开“实训四 产品销售表”工作簿，Sheet1 工作表的数据如图 1-16 所示。

	A	B	C	D	E	F	G	H	I
1	产品销售一览表								
2	序号	月份	业务员	产品	型号	单价	数量	金额	
3	0001	一月	张 红	摩托罗拉	RAZR V3c	1880	22	41360	
4	0002	二月	张 红	诺基亚	Nokia N73	2058	40	82320	
5	0003	三月	张 红	飞利浦	9@9k	1419	11	15609	
6	0004	四月	张 红	SONY爱立信	P1c	3771	16	60336	
7	0005	五月	张 红	飞利浦	PHILIPS 699	1480	22	32560	
8	0006	六月	张 红	海尔手机	HG-N93	2688	42	112896	
9	0007	一月	胡小飞	SONY爱立信	P1c	3771	35	131985	
10	0008	二月	胡小飞	海尔手机	HG-N93	2688	26	69888	
11	0009	三月	胡小飞	摩托罗拉	RAZR V3c	1880	23	43240	
12	0010	四月	胡小飞	海尔手机	HG-N93	2688	21	56448	
13	0011	五月	胡小飞	海尔手机	HG-K160	1688	33	55704	
14	0012	六月	胡小飞	SONY爱立信	P990c	2343	36	84348	
15	0013	一月	王 杰	诺基亚	Nokia N76	2200	23	50600	
16	0014	二月	王 杰	摩托罗拉	ROKR E6	2135	15	32025	
17	0015	三月	王 杰	SONY爱立信	P990c	2343	16	37488	
18	0016	四月	王 杰	飞利浦	PHILIPS 699	1480	25	37000	
19	0017	五月	王 杰	飞利浦	9@9k	1419	28	39732	
20	0018	六月	王 杰	SONY爱立信	P990c	2343	28	65604	
21	0019	一月	杨艳芳	诺基亚	Nokia N76	2200	46	101200	
22	0020	二月	杨艳芳	诺基亚	Nokia N73	2058	18	37044	
23	0021	三月	杨艳芳	飞利浦	PHILIPS 699	1480	32	47360	
24	0022	四月	杨艳芳	飞利浦	9@9k	1419	29	41151	
25	0023	五月	杨艳芳	海尔手机	HG-K160	1688	13	21944	
26	0024	六月	杨艳芳	摩托罗拉	ROKR E6	2135	45	96075	
27									

图 1-16　产品销售一览表

① 将 Sheet1 工作表的数据复制 5 份，依次重命名为排序、分类汇总、高级筛选、数据库函数、数据透视表和数据有效性。

② 将“排序”工作表中的数据，按月份对产品销售表进行升序排序。

③ 将“分类汇总”工作表中的数据，按月份对产品销售表中的数量和金额进行汇总求和。

④ 根据“高级筛选”工作表中的数据，筛选出“月份”列中包含“一月”且“产品”列中”包含“诺基亚”，或“金额”大于 100 000 的数据行。要求条件区域建在 J2:L4 单元格区域中，筛选结果存放在以 J7 为左上角的区域中，即按指定区域存放。

⑤ 在“数据库函数”工作表中，使用数据库函数统计出不同产品的总销售数量，以及不同产品的平均销售单价。

⑥ 以“数据透视表”工作表作为数据源创建数据透视表，以反映不同业务员、不同产品的总销售金额情况，业务员作为行字段，产品作为列字段；取消行总计和列总计项；把所创建的透视表放在“数据透视表”工作表以 J2 为开始的区域中，并将透视表命名为“不同业务员不同产品的总销售金额透视表”。

⑦ 在“数据有效性”工作表中，使用“数据有效性”对数据清单自定义输入序列，实现当用户选中“月份”列的任一单元格时，在其右则显示一个下拉列表框箭头，并提供“一月”、“二月”、“三月”、“四月”、“五月”和“六月”等选择项供用户选择。

2. 实训分析

实训四用到的知识要点有排序、分类汇总、高级筛选、数据库函数、数据透视表、数据有效性。

🕮 实训结果

实训四各题的操作结果如图 1-17～图 1-22 所示。

产品销售一览表

序号	月份	业务员	产品	型号	单价	数量	金额
0002	二月	张　红	诺基亚	Nokia N73	2058	40	82320
0008	二月	胡小飞	海尔手机	HG-N93	2688	26	69888
0014	二月	王　杰	摩托罗拉	ROKR E6	2135	15	32025
0020	二月	杨艳芳	诺基亚	Nokia N73	2058	18	37044
0006	六月	张　红	海尔手机	HG-N93	2688	42	112896
0012	六月	胡小飞	SONY爱立信	P990c	2343	36	84348
0018	六月	王　杰	SONY爱立信	P990c	2343	28	65604
0024	六月	杨艳芳	摩托罗拉	ROKR E6	2135	45	96075
0003	三月	张　红	飞利浦	9@9k	1419	11	15609
0009	三月	胡小飞	摩托罗拉	RAZR V3c	1880	23	43240
0015	三月	王　杰	SONY爱立信	P990c	2343	16	37488
0021	三月	杨艳芳	飞利浦	PHILIPS 699	1480	32	47360
0004	四月	张　红	SONY爱立信	P1c	3771	16	60336
0010	四月	胡小飞	海尔手机	HG-N93	2688	21	56448
0016	四月	王　杰	飞利浦	PHILIPS 699	1480	25	37000
0022	四月	杨艳芳	飞利浦	9@9k	1419	29	41151
0005	五月	张　红	飞利浦	PHILIPS 699	1480	22	32560
0011	五月	胡小飞	海尔手机	HG-K160	1688	33	55704
0017	五月	王　杰	飞利浦	9@9k	1419	28	39732
0023	五月	杨艳芳	海尔手机	HG-K160	1688	13	21944
0001	一月	张　红	摩托罗拉	RAZR V3c	1880	22	41360
0007	一月	胡小飞	SONY爱立信	P1c	3771	35	131985
0013	一月	王　杰	诺基亚	Nokia N76	2200	23	50600
0019	一月	杨艳芳	诺基亚	Nokia N76	2200	46	101200

图 1-17　排序的结果

	A	B	C	D	E	F	G	H
1	产品销售一览表							
2	序号	月份	业务员	产品	型号	单价	数量	金额
3		总计					645	1393917
4		二月 汇总					99	221277
5	0002	二月	钱 红	诺基亚	Nokia N73	2058	40	82320
6	0008	二月	胡 岗	海尔手机	HG-N93	2688	26	69888
7	0014	二月	李延杰	摩托罗拉	ROKR E6	2135	15	32025
8	0020	二月	周明汉	诺基亚	Nokia N73	2058	18	37044
9		六月 汇总					151	358923
10	0006	六月	钱 红	海尔手机	HG-N93	2688	42	112896
11	0012	六月	胡 岗	SONY爱立信	P990c	2343	36	84348
12	0018	六月	李延杰	SONY爱立信	P990c	2343	28	65604
13	0024	六月	周明汉	摩托罗拉	ROKR E6	2135	45	96075
14		三月 汇总					82	143697
15	0003	三月	钱 红	飞利浦	9@9k	1419	11	15609
16	0009	三月	胡 岗	摩托罗拉	RAZR V3c	1880	23	43240
17	0015	三月	李延杰	SONY爱立信	P990c	2343	16	37488
18	0021	三月	周明汉	飞利浦	PHILIPS 699	1480	32	47360
19		四月 汇总					91	194935
20	0004	四月	钱 红	SONY爱立信	P1c	3771	16	60336
21	0010	四月	胡 岗	海尔手机	HG-N93	2688	21	56448
22	0016	四月	李延杰	飞利浦	PHILIPS 699	1480	25	37000
23	0022	四月	周明汉	飞利浦	9@9k	1419	29	41151
24		五月 汇总					96	149940
25	0005	五月	钱 红	飞利浦	PHILIPS 699	1480	22	32560
26	0011	五月	胡 岗	海尔手机	HG-K160	1688	33	55704
27	0017	五月	李延杰	飞利浦	9@9k	1419	28	39732
28	0023	五月	周明汉	海尔手机	HG-K160	1688	13	21944
29		一月 汇总					126	325145
30	0001	一月	钱 红	摩托罗拉	RAZR V3c	1880	22	41360
31	0007	一月	胡 岗	SONY爱立信	P1c	3771	35	131985
32	0013	一月	李延杰	诺基亚	Nokia N76	2200	23	50600
33	0019	一月	周明汉	诺基亚	Nokia N76	2200	46	101200

图 1-18 分类汇总的结果

条件区域

月份	产品	金额
一月	诺基亚	
		>100000

筛选结果

序号	月份	业务员	产品	型号	单价	数量	金额
0006	六月	钱 红	海尔手机	HG-N93	2688	42	112896
0007	一月	胡 岗	SONY爱立信	P1c	3771	35	131985
0013	一月	李延杰	诺基亚	Nokia N76	2200	23	50600
0019	一月	周明汉	诺基亚	Nokia N76	2200	46	101200

图 1-19 高级筛选的结果

条件区域及结果

	产品	产品	产品	产品	产品
	摩托罗拉	诺基亚	飞利浦	SONY爱立信	海尔手机
总数量	105	127	147	131	135
平均单价	2007.5	2129	1449.5	2914.2	2288

图 1-20 数据库函数的计算结果

求和项:金额	产品				
业务员	SONY爱立信	飞利浦	海尔手机	摩托罗拉	诺基亚
胡 岗	216333		182040	43240	
李延杰	103092	76732		32025	50600
钱 红	60336	48169	112896	41360	82320
周明汉		88511	21944	96075	138244

图 1-21 制作的数据透视表

	A	B	C	D	E	F	G	H
1	产品销售一览表							
2	序号	月份	业务员	产品	型号	单价	数量	金额
3	0001	一月	红	摩托罗拉	RAZR V3c	1880	22	41360
4	0002	一月 二月 三月 四月 五月 六月	红	诺基亚	Nokia N73	2058	40	82320
5	0003		红	飞利浦	9@9k	1419	11	15609
6	0004		红	SONY爱立信	P1c	3771	16	60336
7	0005	五月	钱 红	飞利浦	PHILIPS 699	1480	22	32560
8	0006	六月	钱 红	海尔手机	HG-N93	2688	42	112896

图 1-22 数据有效性的结果

项目五 演示文稿制作 PowerPoint 2010

实训一 制作飞舞的蝴蝶演示文稿

实训目的

掌握字体设置、插入图片、设置版式、插入艺术字、设置切换效果、插入音频和设置幻灯片放映方式。

实训内容

1. 实训要求

① 创建一个空白演示文稿，将演示文稿保存为“飞舞的蝴蝶. pptx”。

② 编辑第一张幻灯片版式为“标题幻灯片”。

• 在主标题文本框中输入“飞舞的蝴蝶”文本，将文本的字体设置为华文行楷，字号为66，加粗。

• 在副标题文本框中输入“制作者：”和自己的姓名文本。

• 插入一张名为“背景图 1. jpg”的图片作为背景，插入一张名为“蝴蝶 3. gif”的图片，调整合适的位置和层次放置在主标题文本框的右上方。

③ 插入一张版式为“空白”的幻灯片。

• 插入一张名为“花 1. jpg”的图片调整合适大小置于幻灯片的低层。

• 插入 3 张 gif 图片，分别为“蝴蝶 1. gif”、“蝴蝶 2. gif”和“蝴蝶 4. gif”。

• 为“蝴蝶 1. gif”图片对象添加动作路径“十字形扩展”动画效果，为“蝴蝶 2. gif”图片对象添加“自左侧飞入”的进入动画效果。

• 在幻灯片的顶部插入艺术字，输入的文本为“飞舞的蝴蝶”，字体为“华文隶书”，字号为 54，艺术字样式为“渐变填充，强调文字颜色 6，内部阴影”。

④ 设置第一张幻灯片的切换效果为“垂直百叶窗”效果，持续时间设置为 3 秒。

⑤ 在第一张幻灯片中插入音乐文件“九月菊花-纯音乐. mp3”，隐藏音乐图标，使放映幻灯片时就开始播放音乐，播放音乐从音乐的 20 秒后开始播放，直到结束幻灯片的放映才停止。

⑥ 设置幻灯片的放映方式为“在展台浏览(全屏幕)”，将使用“排练时间”第一张自动播放 21 秒，第二张自动播放 28 秒。

2. 实训分析

涉及的操作要点有设置版式、设置字体、设置背景、插入图片、插入艺术字、插入音频、设

置幻灯片放映方式。

📖 **实训结果**

本实训有两张幻灯片，幻灯片的浏览效果如图 1-23 所示。

图 1-23　“飞舞的蝴蝶”演示文稿效果

项目六　多媒体应用

实训一　动物照的美化

📖 **实训目的**

重点掌握选框工具和画笔工具的使用。

📖 **实训内容**

1. 实训要求

对一张动物照片进行处理，其原始图像如图 8-24 所示，处理后的最终效果如图 1-25 所示。

图 1-24　原始图像

图 1-25　最终效果

2. 实训分析

① 背景中的颜色动态、散布的叶子是由画笔绘制而成的。选择“画笔工具”后，按“F5”键可调出“画笔”调板，可对画笔属性进行设置。

② 动画照片的处理主要应用于了“椭圆选框工具”。注意设置选项栏的羽化半径，实现图像到背景的过渡。

实训结果

实训结果如图 1-25 所示。

实训二　Photoshop 文字路径的使用

实训目的

重点掌握文字路径的使用。

实训内容

1. 实训要求

画一个带路径的形状，并在路径上添加文字。

2. 实训分析

① “心形”的制作提示：选择“自定义形状工具”，并在选项栏选择“形状图层”，选择“心形”形状，便可绘制。

② 文字路径：由于选择了“形状图层”，画出的图像是带路径的，可将文字依附在路径上。

③ 字符设置：输入文字之后，可通过“窗口”→“字符”命令设置文字的基线偏移，让文字跟路径保持一定的距离。

实训结果

实训结果如图 1-26 所示。

图 1-26　最终效果

实训三　Flash 动画的制作

实训目的

掌握 Flash 动作补间和形状补间动画的制作。

实训内容

1. 实训要求

制作当星形在做平移运动同时渐变为圆形的动画。如图 1-27 所示。

2. 实训分析

首先创建一个“影片剪辑”元件，在元件里制作形变动画；再将形变动画元件拖至主场景中，制作平移运动动画。需要注意的是，形变的帧数和平移运动的帧数相同。

实训结果

实训结果如图 1-27 所示。

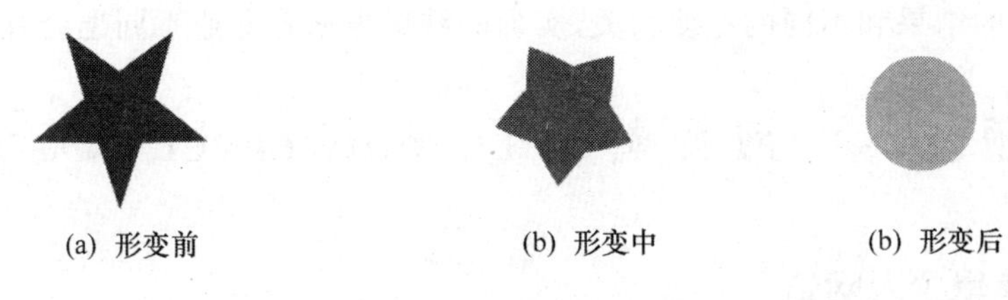

(a) 形变前　(b) 形变中　(b) 形变后

图 1-27 移动、形变动画

项目七 信息检索与管理

实训一 信息检索

实训目的

熟练掌握利用中英文搜索引擎查询信息以及文献收集。

实训内容

1. 实训要求

根据不同的专业，结合自己所学的专业方向完成一份有关本专业的就业信息收集。

2. 实训分析

(1) 利用“Google”搜索有关本专业就业中文信息，了解国内最新的专业发展情况。

(2) 利用“Yahoo!” 搜索有关本专业就业英文信息，了解国外最新的专业发展情况。

(3) 在“中国知网”查找有关本专业就业信息的文献，并利用“EndNote”软件对文献进行收集管理。

实训结果

由于本实训的结果和不同的专业相关，实施的结果根据各专业不同也会有所不同。

实训二 论文的制作

实训目的

熟练掌握论文的制作。

实训内容

1. 实训要求

根据实训一所收集的结果，撰写完成一份本专业的就业调查分析报告。

2. 实训分析

实训的操作步骤如下。

① 明确报告的选题，拟定内容，拟定大纲，构架层次。

② 利用检索技术检索相关专业所需的相关知识。

③ 收集、分析及整理结果。

④ 撰写论文的初稿及定稿。

⑤ 对论文的封面、目录、正文按格式要求进行排版。

实训结果

由于本实训的结果和不同的专业相关，实训的结果根据各专业不同也会有所不同。

项目八　网页制作 Dreamweaver CS5

实训一　编辑个人网站

打开文件 index. htm，完成以下操作。

① 建立一个仅对该页有效的文本样式，样式要求为：颜色＃0000FF、楷体、大小 24px，粗体。

② 在页面第二段文字前插入 pic 文件夹下的图片：yinxing. jpeg；图片大小取消纵横比后设置为：宽度为 300 像素，高度为 350 像素；图片对齐方式为右对齐。

③ 将文本"银杏在线"设置为超级链接，链接地址是：http://www. 86yx. cn/，链接目标属性为：_blank。

④ 在网页顶端插入一个两行一列的表格，表格属性为单元格边距及单元格间距均为 6，边框粗细为 4，边框颜色为＃999966。在表格的第一行第一列单元格中输入文本"天鹅戏水视频"，水平居中对齐。在表格第二行第一列单元格中插入 media 文件夹中的媒体文件 1. swf，设置视频文件居中对齐。

首先定义一站点，站点文件夹用自己名字的拼音命名，并完成下面要求。

① 站点内部建立专门存放图片的文件夹：images；存放 Flash 动画的文件夹 flashs；存放那个其他网站资源的文件夹 source；存放样式表文件的文件夹：css1。

② 站点根目录下建立首页文件，命名为：default. htm；首页内容如图 1-28 所示。

③ 上面的内容"欢迎光顾我的网站，在这里你可以尽情释放自己，把一切的烦恼与痛苦抛到九霄云外……"，将这些文字做出从右到左的滚动效果。

④ 新建一个页面：form. htm，在网页中创建表单对象。创建如图 1-29 所示的表单格式。

⑤ 设置锚点超链接。创建一个网页名为 anchor. htm，内容为《披着羊皮的狼》和《幸福拍手歌》的歌词。要求用"披着羊皮的狼"、"幸福拍手歌"分别建立锚点链接。新建 css 样式：文字颜色为灰色；字体为华文楷体；字号为 26 px。将该样式应用于网页 anchor. htm 上。

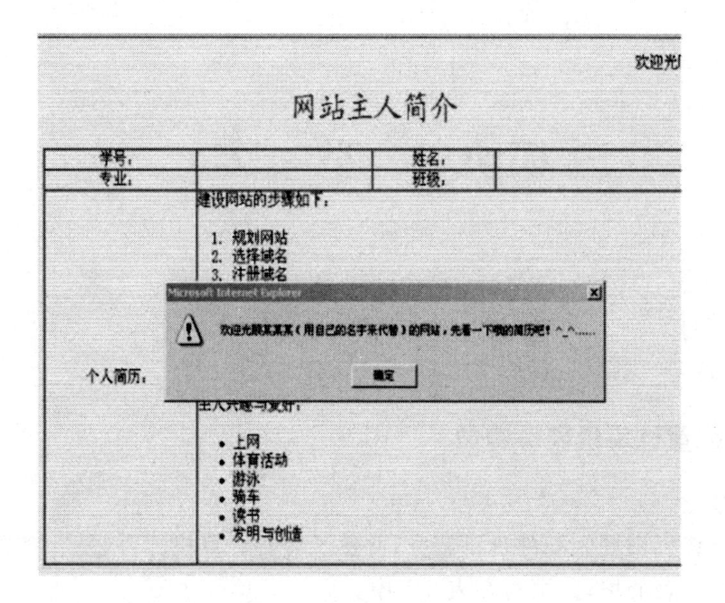

图 1-28　网站首页内容

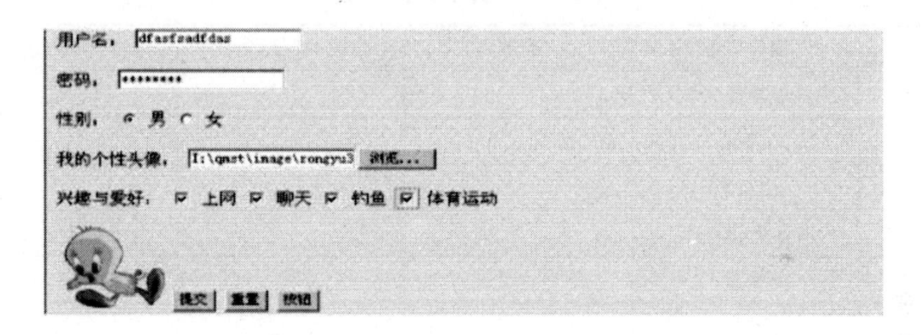

图 1-29　表格格式

模块二　举一反三

项目一　初识计算机

任务一　配置计算机硬件清单

📖 任务描述

上网或到计算机市场做配件价格调查，并熟悉各种计算机配件，最后完成下列一台多媒体计算机配置报价表的填写，填写在表 2-1 中。

表 2-1　计算机配置报价

编号	配件名称	品牌	型号	单价
1	中央处理器(CPU)			
2	风扇			
3	主机板			
4	内存条(RAM)			
5	硬盘			
6	光驱			
7	显示器			
8	显卡			
9	声卡			
10	摄像头			
11	耳机			
12	机箱＋电源			
13	键盘			
14	鼠标器			
15	多媒体音箱			
合计				
				填表人：

📖 任务分析

① 利用配置、组装计算机专业网站如中关村在线(http://www.zol.com.cn/)、太平洋电脑网(http://gz.pconline.com.cn/)查看计算机各种配件的价格。

② 利用网上商城如京东、苏宁易购、国美网上电器城，搜集及对比计算机各配件价格。

③ 到计算机城如百脑汇实地考察各种计算机配件及价格。

任务二 组装多媒体计算机

任务描述

根据教程中学习过的理论知识,并在相关人员的指导下,组装一台多媒体计算机。

任务分析

① 在安装前要消除身体静电。

② 在安装时要小心谨慎,避免配件划伤手指。

③ 配件要轻拿轻放,安装时不能使用蛮力,避免用力过度造成配件的损坏。

④ 安装完成后不急于通电,要多次认真检查无误后方可通电。

任务三 优化及保护计算机

任务描述

上网下载一款应用软件对计算机实施优化和保护。

任务分析

① 在系统优化方面包括以下基本功能:清理 Windows 临时文件夹中的临时文件,释放硬盘空间;清理注册表里的垃圾文件,减少系统错误的产生;加快开机速度,阻止一些程序开机自动执行;加快上网和关机速度;系统个性化。

② 在保护计算机方面要求完成以下操作:清除恶意软件和恶意网站;安装系统补丁;系统备份和还原。

项目二 操作系统 Windows 7

任务一 个性化计算机

任务描述

对计算机进行如下个性化。

① 更改我的主题。

② 更改桌面背景、窗口颜色。

③ 更改桌面图标。

④ 调整分辨率。

⑤ 个性化任务栏和“开始”菜单。

任务分析

① 利用“属性”对话框个性化计算机。

② 利用“控件面板”中各选项完成计算机个性化的设置。

任务二 管理文件及文件夹

任务描述

打开文件夹“A”,完成以下操作。

① 把 A 文件夹中名为 Private 的文件夹删除之。

② 在 gdcc 文件夹中建立名为“Myself”的空的文本文档。

③ 在 A 文件夹中某文件夹里有一文件名为 winzip. bmp，将其复制到 gdcc 文件夹中。

④ 删除 Scut 文件夹中所有的配置类型的文件。

⑤ 将 gdcc 文件夹中名为“小球”的文件属性改为隐藏。

任务分析

利用命令或快捷菜单完成对文件或文件夹的新建、删除、复制、移动、重命名、创建快捷方式、搜索和修改属性。

项目三　文档处理 Word 2010

任务一　利用模板制作简历

任务描述

假设公司职员要制作一份简历，简历中包括的主要信息有姓名、职业、经历等，要求形式新颖、重点突出。

任务分析

① 利用 Word 2010 中的简历模板，如凸窗简历。

② 对模板进行适当的修改，使其能够更满足用户的需求。

③ 在模板中灵活运用字体格式、段落格式、插入符号进行文本编辑。

如设计结果如图 2-1 所示。

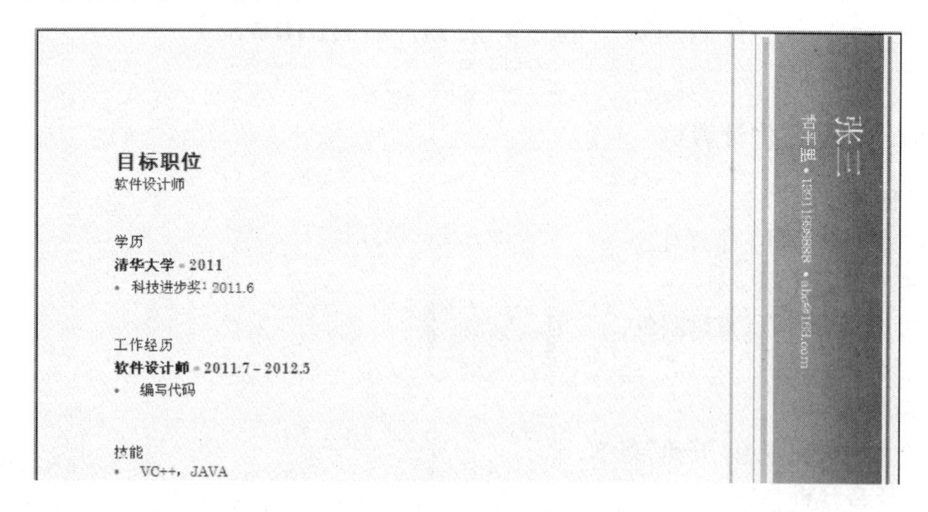

图 2-1　简历

任务二　制作一份项目申请书

任务描述

使用本节所讲述的方法完成一份项目申请书的编制和排版，效果如图 2-2 所示。

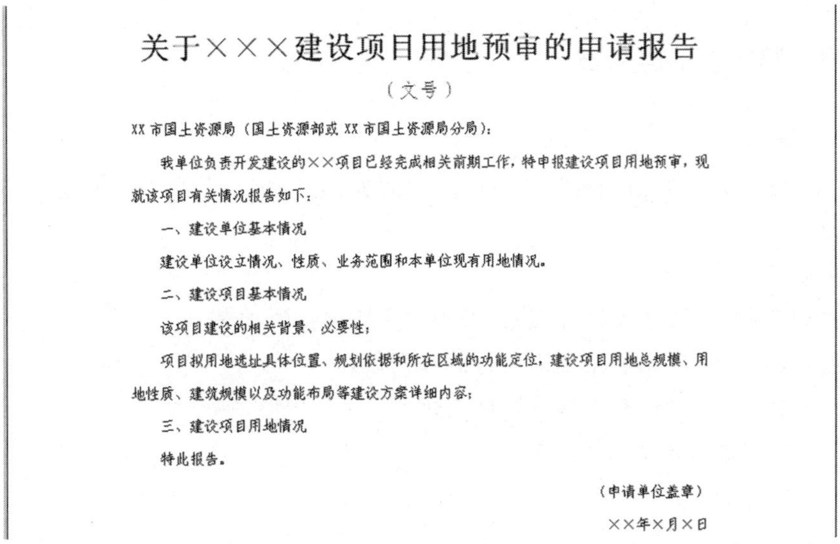

关于×××建设项目用地预审的申请报告

（文号）

XX市国土资源局（国土资源部或XX市国土资源局分局）：

我单位负责开发建设的××项目已经完成相关前期工作，特申报建设项目用地预审，现就该项目有关情况报告如下：

一、建设单位基本情况

建设单位设立情况、性质、业务范围和本单位现有用地情况。

二、建设项目基本情况

该项目建设的相关背景、必要性；

项目拟用地选址具体位置、规划依据和所在区域的功能定位，建设项目用地总规模、用地性质、建筑规模以及功能布局等建设方案详细内容；

三、建设项目用地情况

特此报告。

（申请单位盖章）

××年×月×日

图 2-2　项目申请书效果

任务分析

① 根据实际情况可适当补充内容。

② 需要设置文档的基本格式，如字体格式、段落格式。

任务三　制作贺卡

任务描述

每到节日来临之际，同学、朋友之间为表示祝贺经常互相发送贺卡，因此学会使用Word 2010制作贺卡很有必要。

任务分析

① 制作贺卡需要绘制基本图形（如椭圆形、矩形等），并填充颜色。

② 需要插入图片、剪贴画，并调整位置及大小。

③ 需要插入艺术字并按需要进行编辑。

④ 在绘制的图形中输入文字。

制作后的贺卡效果如图 2-3 所示。

图 2-3　教师节贺卡

任务四　制作职工信息表

任务描述

制作一份职工信息表，以便统计员工基本信息，要求区分部门、职务，以及包括电话、E-mail等信息。

任务分析

① 制作职工信息表，首先设计表格，考虑表头应包括哪些信息。

② 绘制初始表格，考虑绘制表格的行数和列数。

③ 合并或拆分单元格，对表格进行格式化。

创建并格式化后的表格如图 2-4 所示。

职工信息表

部门	姓名	性别	职务	电话	E-mail
行政部	职工 1 号	男	经理	1235565	Zhigong1@a.com
	职工 2 号	女	员工	1236684	Zhigong2@a.com
	职工 3 号	男	员工	1236524	Zhigong3@a.com
研发部	职工 4 号	女	经理	1238745	Zhigong4@a.com
	职工 5 号	男	员工	1236958	Zhigong5@a.com
	职工 6 号	女	员工	1236521	Zhigong6@a.com
	职工 7 号	男	员工	1232548	Zhigong7@a.com
销售部	职工 8 号	女	经理	1236521	Zhigong8@a.com
	职工 9 号	男	员工	1231425	Zhigong9@a.com
	职工 10 号	女	员工	1239821	Zhigong10@a.com

图 2-4　职工信息表

任务五　制作人事资料表

任务描述

当一位新员工到一个单位时，他要做的第一件事往往是填写一份人事资料表。如何制作一份实用、美观的人事资料表，是人事部门和行政助理需要掌握的技能。

任务分析

① 综合运行表格的创建、单元格合并与拆分。

② 给表格添加边框和底纹。

③ 设置单元格对齐方式，并插入符号。

制作好的人事资料表如图 2-5 和图 2-6 所示。

人事资料表

个人资料			
姓名		性别	
出生日期		到职日期	
所属部门		职位名称	
家庭电话		移动电话	
紧急联系人		电话	
Email Address			
家庭地址			
户籍地址			
教育背景			
毕业院校	学历	专业	时间
工作经历及培训情况			
所在公司/培训机构			
担任职位/培训内容			
时间			
工作成效/培训成果			

图 2-5　“人事资料表”第一页

专长	
语　　言	□ 英语（精通/良好/一般） □ 日语（精通/良好/一般） □ 韩语（精通/良好/一般） □ 其他________
计　算　机	□ 操作系统：________ □ 应用软件：________ □ 编程语言：________ □ 计算机网络：________
其　　他	
个人信息	
性　　格	
喜　　好	
座　右　铭	

图 2-6　“人事资料表”第二页

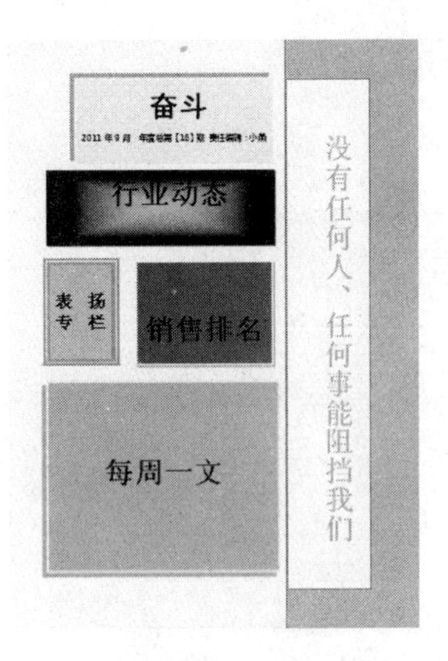

图 2-7　企业刊物封面

任务六　制作企业刊物封面

📖 任务描述

在企业的发展过程中，树立企业文化形象是企业不断壮大的重要因素，企业文化的传播有多种途径，例如创办一份企业内部刊物便是企业文化建设过程中一个有效的举措。请为企业刊物制作一个封面。

📖 任务分析

① Word 2010 提供了几十种样式供用户选择。

② 根据实际需要对所选择的样式进行排版位置、颜色、大小的设计。

设计后的企业刊物封面如图 2-7 所示。

任务七　批量制作录取通知书

📖 任务描述

批量制作录取通知书，要求如下。

① 创建主文档“录取通知书”，如图 2-8 所示。

录取通知书

______学生：

经学院招生办公室审核，报教育主管部门批准，录取你为XX学院__________系______专业新生，请你于 2012 年 9 月 7 日持本通知书和相关证件到本院报到注册。

XX学院
2012 年 8 月 10 日

图 2-8　“录取通知书”主文档

② 创建数据源文件“录取名单”，包括姓名、系、专业 3 个域，输入 12 条记录。

③ 应用邮件合并功能建立主文档与数据源的关联。

④ 在文档需要插入数据的位置(姓名、系、专业)插入合并域。

⑤ 打印批量生成的录取通知书。

📖 任务分析

① 首先创建主文档“录取通知书”和数据源“录取名单”。

② 打开主文档“录取通知书”，并与数据源“录取名单”建立关联。

③ 在主文档中插入域，打印合并所生成的录取通知书。

项目四　电子表格 Excel 2010

任务一　制作年度成本费用对比表

📖 任务描述

“年度成绩费用对比表”是企业年底总结时，用来分析对比近几年来成本的表格，制作时应参考表格的规范化标准，详细考虑表格的结构，以及所要表达的数据项内容，尽量使表格

简单易懂，并对表格格式化使其层次分明。制作好的表格效果如图 2-9 所示。

年度成本费用对比表

公司名称：＿＿＿＿＿＿＿ 报表日期：＿＿年＿＿月 填表人：＿＿＿＿＿＿

类型/项目/金额/年份/月份		固定费用						变动费用							其他费用						备注
年份	月份	薪资	奖金	津贴	福利金	保险费	合计	材料费	水电费	燃料费	运费	广告费	租赁费	合计	办公费	交通费	招待费	邮电费	其他	合计	
2010年	1月																				
	2月																				
	3月																				
	4月																				
	5月																				
	6月																				
	7月																				
	8月																				
	9月																				
	10月																				
	11月																				
	12月																				
	合计																				

图 2-9 年度成本费用对比表

📖 任务分析

① 创建新工作簿并在工作表中输入数据。

② 绘制表头并对表格进行格式化设置。

任务二 统计商品采购明细表

📖 任务描述

商品采购明细表是详细记录采购商品详细数据项的一种表格，如图 2-10 所示。用户想从数据繁杂而庞大的商品采购明细表中找出数据是很花时间的，工作效率也不高。为了合理利用资金，需要另外使用商品采购分析表（如图 2-11 所示）对商品采购明细表中的数据进行计算，统计出各仓、各供应商、各物料的数量、金额、合计数、资金占用比率，查看仓库存储和采购资金的分布情况，以便调整资金使用，避免资金过分集中在某供应商或某种商品上。

	A	B	C	D	E	F	G	H	I
1	甲公司2011年9月商品采购明细表								
2	日期	入库单号	物料代码	物料名称	供应商	仓库	单价	数量	金额
3	40788	XPCG0001	1243.02.02	乙02	广州XK电子有限公司	A仓	1566	75	
4	40788	XPCG0002	1243.03.02	丙02	广州XK电子有限公司	B仓	410	66	
5	40788	XPCG0004	1243.01.01	甲01	广州XK电子有限公司	A仓	1530	55	
6	40788	XPCG0003	1243.04.02	丁02	广州XK电子有限公司	B仓	5122	36	
7	40788	XPCG0005	1243.01.03	甲03	广州XK电子有限公司	A仓	1235	35	
8	40793	XPCG0006	1243.01.01	甲01	深圳CM商贸集团	A仓	1530	50	
9	40793	XPCG0007	1243.01.03	甲03	深圳CM商贸集团	A仓	1235	50	
10	40793	XPCG0008	1243.02.02	乙02	深圳CM商贸集团	A仓	1566	35	
11	40793	XPCG0009	1243.04.02	丁02	深圳CM商贸集团	B仓	5122	25	
12	40793	XPCG0010	1243.03.02	丙02	深圳CM商贸集团	B仓	410	22	
13	40798	XPCG0011	1243.02.01	乙01	上海LE电气有限公司	A仓	1320	110	
14	40798	XPCG0012	1243.01.02	甲02	上海LE电气有限公司	A仓	1086	80	
15	40798	XPCG0014	1243.04.01	丁01	上海LE电气有限公司	B仓	3618	46	
16	40798	XPCG0015	1243.03.01	丙01	上海LE电气有限公司	B仓	758	43	
17	40798	XPCG0013	1243.04.03	丁03	上海LE电气有限公司	B仓	4232	28	
18	40803	XPCG0016	1243.01.02	甲02	北京QK办公设备有限公司	A仓	1086	86	
19	40803	XPCG0017	1243.02.01	乙01	北京QK办公设备有限公司	A仓	1320	53	
20	40803	XPCG0018	1243.04.01	丁01	北京QK办公设备有限公司	B仓	3618	50	
21	40803	XPCG0019	1243.03.01	丙01	北京QK办公设备有限公司	B仓	758	32	
22	40803	XPCG0020	1243.04.03	丁03	北京QK办公设备有限公司	B仓	4232	20	
23					合　计				
24									

图 2-10 商品采购明细表

甲公司2011年9月商品采购分析表					
类别	项目	数量	金额	资金占用比率	备注
仓库	A仓				
	B仓				
	合计				
供应商	广州XK电子有限公司				
	深圳CM商贸集团				
	上海LE电气有限公司				
	北京QK办公设备有限公司				
	合计				
物料名称	甲01				
	甲02				
	甲03				
	乙01				
	乙02				
	丙01				
	丙02				
	丁01				
	丁02				
	丁03				
	合计				

图 2-11 商品采购分析表

📖 任务分析

① 向工作表输入图 2-10 所示的数据清单。

② 使用公式求出金额与合计数。

③ 使用函数求出如图 2-11 所示"商品采购分析表"工作表中各项目的数量与金额，以及用公式与函数求出资金占用比率。

④ 格式化表格，使表格更美观大方。

计算和格式化后的表格如图 2-12 和图 2-13 所示。

甲公司2011年9月商品采购明细表								
日期	入库单号	物料代码	物料名称	供应商	仓库	单价	数量	金额
2011-9-2	XPCG0001	1243.02.02	乙02	广州XK电子有限公司	A仓	1,566.00	75	117,450.00
2011-9-2	XPCG0002	1243.03.02	丙02	广州XK电子有限公司	B仓	410.00	66	27,060.00
2011-9-2	XPCG0004	1243.01.01	甲01	广州XK电子有限公司	A仓	1,530.00	55	84,150.00
2011-9-2	XPCG0003	1243.04.02	丁02	广州XK电子有限公司	B仓	5,122.00	36	184,392.00
2011-9-2	XPCG0005	1243.01.03	甲03	广州XK电子有限公司	A仓	1,235.00	35	43,225.00
2011-9-7	XPCG0006	1243.01.01	甲01	深圳CM商贸集团	A仓	1,530.00	50	76,500.00
2011-9-7	XPCG0007	1243.01.03	甲03	深圳CM商贸集团	A仓	1,235.00	50	61,750.00
2011-9-7	XPCG0008	1243.02.02	乙02	深圳CM商贸集团	A仓	1,566.00	35	54,810.00
2011-9-7	XPCG0009	1243.04.02	丁02	深圳CM商贸集团	B仓	5,122.00	25	128,050.00
2011-9-7	XPCG0010	1243.03.02	丙02	深圳CM商贸集团	B仓	410.00	22	9,020.00
2011-9-12	XPCG0011	1243.02.01	乙01	上海LE电气有限公司	A仓	1,320.00	110	145,200.00
2011-9-12	XPCG0012	1243.01.02	甲02	上海LE电气有限公司	A仓	1,086.00	80	86,880.00
2011-9-12	XPCG0014	1243.04.01	丁01	上海LE电气有限公司	B仓	3,618.00	46	166,428.00
2011-9-12	XPCG0015	1243.03.01	丙01	上海LE电气有限公司	B仓	758.00	43	32,594.00
2011-9-12	XPCG0013	1243.04.03	丁03	上海LE电气有限公司	B仓	4,232.00	28	118,496.00
2011-9-17	XPCG0016	1243.01.02	甲02	北京QK办公设备有限公司	A仓	1,086.00	86	93,396.00
2011-9-17	XPCG0017	1243.02.01	乙01	北京QK办公设备有限公司	A仓	1,320.00	53	69,960.00
2011-9-17	XPCG0018	1243.04.01	丁01	北京QK办公设备有限公司	B仓	3,618.00	50	180,900.00
2011-9-17	XPCG0019	1243.03.01	丙01	北京QK办公设备有限公司	B仓	758.00	32	24,256.00
2011-9-17	XPCG0020	1243.04.03	丁03	北京QK办公设备有限公司	B仓	4,232.00	20	84,640.00
				合　计			997	1,789,157.00

图 2-12 "商品采购明细表"计算结果

	甲公司2011年9月商品采购分析表				
类别	项目	数量	金额	资金占用比率	备注
[illegible]	[illegible]	[illegible]	[illegible]	[illegible]	
	[illegible]	[illegible]	[illegible]	[illegible]	
[illegible]	合计	997	1,789,157.00	100%	
供应商	广州XK电子有限公司	267	456,277.00	25.5%	
	深圳CM商贸集团	182	330,130.00	18.5%	
	上海LE电气有限公司	307	549,598.00	30.7%	
	北京QK办公设备有限公司	241	453,152.00	25.3%	
	合计	997	1,789,157.00	100%	
物料名称	甲01	105	160,650.00	9.0%	
	甲02	166	180,276.00	10.1%	
	甲03	85	104,975.00	5.9%	
	乙01	163	215,160.00	12.0%	
	乙02	110	172,260.00	9.6%	
	丙01	75	56,850.00	3.2%	
	丙02	88	36,080.00	2.0%	
	丁01	96	347,328.00	19.4%	
	丁02	61	312,442.00	17.5%	
	丁03	48	203,136.00	11.4%	
	合计	997	1,789,157.00	100%	

图 2-13　“商品采购分析表”计算结果

任务三　制作销售情况统计图

任务描述

企业销售情况统计图是公司对某个时间段、各类产品销售情况进行分析的图表，要求能较直观地显示出某个时间段、各类销售产品的销售情况，以便公司销售管理层能研究其变化原因，能适时调整营销策略。销售数据清单如图 2-14 所示。本任务要求读者根据所给的数据清单创建“公司上半年销售图”，如图 2-15 所示；根据月份和月总计绘制“每月销售比率图”，如图 2-16 所示，并比较分析月销售的情况。

某数码公司销售明细表									
项目 金额 月份	组装机	笔记本	打印机	扫描仪	数码相机	刻录机	其 他	总 计	平 均
一月	89567	96534	78965	68965	86536	58967	45689	525223	75032
二月	95238	99865	75698	67582	84562	52485	45987	521417	74488
三月	78653	97658	74568	65872	81567	51246	42365	491929	70276
四月	88567	98423	76325	69823	85236	55688	41568	515630	73661
五月	91568	96358	77986	66588	84695	56868	48965	523028	74718
六月	92589	94358	74568	63458	83658	56321	48752	513704	73386
总计	536182	583196	458110	402288	506254	331575	273326	3090931	441562
平均	89364	97199	76352	67048	84376	55263	45554	515155	

图 2-14　销售明细表

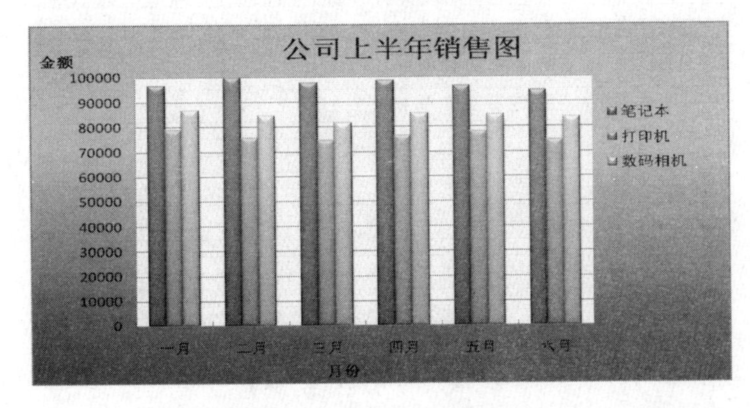

图 2-15　公司上半年销售图

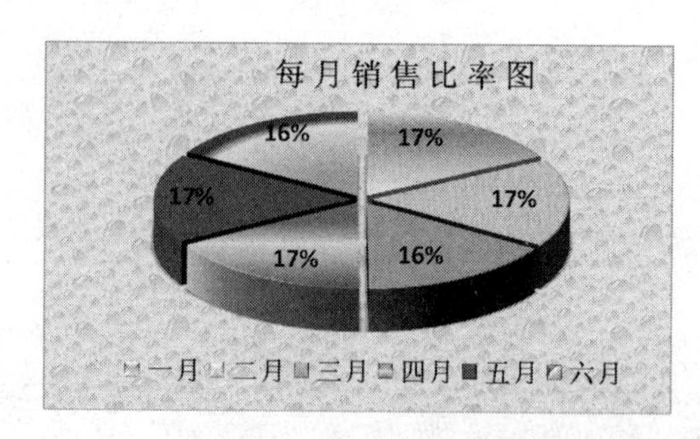

图 2-16 每月销售比率图

任务分析

图表与表格相比能更直观地反映数据之间的规律，所以常用图表来分析数据问题。请利用 Excel 2010 的"图表"功能创建各种统计图表，并对图表进行编辑和格式化，使其更加直观和美观。

任务四 统计分析职工工资表

任务描述

职工工资统计分析是企业对单位员工发放工资基本情况进行统计的一份报表，其数据清单如图 2-17 所示。用户可以统计出每个部门各项工资发放的情况下，也可以统计出每个月各部门工资发放情况。通过数据有效性可以约束数据的输入选项，以及利用 Excel 2010 的数据透视表功能对数据进行多种分类汇总，这样可大大提高工作效率，从而减轻劳资管理人员的工作强度。

职工工资统计表

月份	部门	基本工资	岗位工资	奖金	公积金	扣款	总　计
一月	财务部	8956.00	8688.00	14115.20	3528.80	325.00	34,963.00
二月	财务部	8956.00	8688.00	15879.60	3528.80	400.00	36,652.40
三月	财务部	8956.00	8688.00	17644.00	3528.80	456.00	38,360.80
四月	财务部	8956.00	8688.00	19408.40	3528.80	486.00	40,095.20
五月	财务部	8956.00	8688.00	21172.80	3528.80	230.00	42,115.60
六月	财务部	8956.00	8688.00	22937.20	3528.80	640.00	43,470.00
七月	财务部	8956.00	8688.00	23819.40	3528.80	864.00	44,128.20
八月	财务部	8956.00	8688.00	24701.60	3528.80	532.00	45,342.40
九月	财务部	8956.00	8688.00	22055.00	3528.80	223.00	43,004.80
一月	办公室	12356.00	16268.00	22899.20	5724.80	468.00	56,780.00
二月	办公室	12356.00	16268.00	25761.60	5724.80	653.00	59,457.40
三月	办公室	12356.00	16268.00	28624.00	5724.80	286.00	62,686.80
四月	办公室	12356.00	16268.00	31486.40	5724.80	443.00	65,392.20
五月	办公室	12356.00	16268.00	34348.80	5724.80	678.00	68,019.60
六月	办公室	12356.00	16268.00	37211.20	5724.80	456.00	71,104.00
七月	办公室	12356.00	16268.00	38642.40	5724.80	233.00	72,758.20
八月	办公室	12356.00	16268.00	40073.60	5724.80	699.00	73,723.40
九月	办公室	12356.00	16268.00	35780.00	5724.80	588.00	69,540.80
一月	工 会	7896.00	8664.00	13248.00	3312.00	356.00	32,764.00
二月	工 会	7896.00	8664.00	14904.00	3312.00	87.00	34,689.00
三月	工 会	7896.00	8664.00	16560.00	3312.00	96.00	36,336.00
四月	工 会	7896.00	8664.00	18216.00	3312.00	126.00	37,962.00
五月	工 会	7896.00	8664.00	19872.00	3312.00	186.00	39,558.00
六月	工 会	7896.00	8664.00	21528.00	3312.00	125.00	41,275.00
七月	工 会	7896.00	8664.00	22356.00	3312.00	168.00	42,060.00
八月	工 会	7896.00	8664.00	23184.00	3312.00	178.00	42,878.00
九月	工 会	7896.00	8664.00	20700.00	3312.00	206.00	40,366.00
一月	销售部	26864.00	36216.00	50464.00	12616.00	1023.00	125,137.00
二月	销售部	26864.00	36216.00	56772.00	12616.00	1563.00	130,905.00
三月	销售部	26864.00	36216.00	63080.00	12616.00	1236.00	137,540.00
四月	销售部	26864.00	36216.00	69388.00	12616.00	1386.00	143,698.00
五月	销售部	26864.00	36216.00	75696.00	12616.00	1458.00	149,934.00
六月	销售部	26864.00	36216.00	82004.00	12616.00	1654.00	156,046.00
七月	销售部	26864.00	36216.00	85158.00	12616.00	968.00	159,886.00
八月	销售部	26864.00	36216.00	88312.00	12616.00	1422.00	162,586.00
九月	销售部	26864.00	36216.00	78850.00	12616.00	1366.00	153,180.00
一月	人事部	6892.00	8652.00	12435.20	3108.80	200.00	30,888.00
二月	人事部	6892.00	8652.00	13989.60	3108.80	230.00	32,412.40
三月	人事部	6892.00	8652.00	15544.00	3108.80	240.00	33,956.80

图 2-17 "职工工资统计表"数据清单

📖 任务分析

为了更好地了解企业工资发放的情况，以如图 2-17 所示工作表数据清单进行下列统计分析。

① 在“排序”工作表中按主关键字“月份”，次关键字“部门”进行升序排序。

② 在“分类汇总”工作表中按“部门”分类汇总出各项工资的总数。

③ 在“高级筛选”工作表中筛选出“二月”且“扣款”大于 500，或在“月份”列中包含“三月”且“扣款”必须小于 200 的数据。要求条件区域建立在以 J2 为左上角的单元格区域，筛选结果复制到以 J6 为左上角的单元格区域。

④ 在“数据透视表”工作表中统计出不同月份不同部门奖金的最大值和扣款的总和，数据不进行小计。统计结果如图 2-18 所示。

	部门 办公室		财务部		工　会		人事部		销售部	
月份	奖金最大值	扣款总数	奖金最大值	扣款总数	奖金最大值	扣款总数	奖金最大值	扣款总数	奖金最大值	扣款总数
一月	22899.2	468	14115.2	325	13248	356	12435.2	200	50464	1023
二月	25761.6	653	15879.6	400	14904	87	13989.6	230	56772	1563
三月	28624	286	17644	456	16560	96	15544	240	63080	1236
四月	31486.4	443	19408.4	486	18216	126	17098.4	260	69388	1386
五月	34348.8	678	21172.8	230	19872	186	18652.8	280	75696	1458
六月	37211.2	456	22937.2	640	21528	125	20207.2	277	82004	1654
七月	38642.4	233	23819.4	864	22356	168	20984.4	234	85158	968
八月	40073.6	699	24701.6	532	23184	178	21761.6	268	88312	1422
九月	35780	588	22055	223	20700	206	19430	261	78850	1366

图 2-18　数据透视表结果

⑤ 在“数据有效性”工作表的“部门”列提供财务部、办公室、工会、销售部、人事部五个选项供用户选择。

项目五　演示文稿制作 PowerPoint 2010

任务一　制作新年快乐文稿

📖 任务描述

综合应用演示文稿章节所学的内容，创建、编辑、美化、放映演示文稿。

① 创建演示文稿并插入内容。

② 美化所创建的演示文稿。

③ 设置幻灯片中对象的动态效果，以及幻灯片的切换效果。

📖 任务描述

① 插入第一张幻灯片：“内容与标题”版式；标题内容为“新年的祝福”；格式为 68 磅、隶书、加粗；艺术字样式为“填充-无，轮廓-强调文字颜色 2”；文本效果为“发光→强调文字颜色 2”，11pt 发光；内容为“健康是最佳的礼物，知足是最大的财富，信心是最好的品德，关心是最真挚的问候，牵挂是最无私的思念，祝福是最美好的话语。祝你新年快乐！平安幸福！”，字号为 30 号、字体为华文新魏。

② 在第一张幻灯片的右侧插入一张“新年快乐”剪贴画，调整适当大小，图片样式为“矩形投影”。

③ 插入第二张幻灯片：空白版式；插入艺术字“2012 新年快乐！”，艺术字样式为最后一种艺术字，80 号红色字体，采用“预设 12”形状效果。艺术字动画效果设置：放映时单击该艺术字切换到第一张幻灯片；插入“贺新年”图片，图片动画效果为“圆形扩展”。

④ 两张幻灯片皆应用背景样式中的渐变填充中的“红日西斜”预设颜色。

制作完成后的演示文稿如图 2-19 所示。

图 2-19　新年快乐祝福

任务二　制作生活真谛文稿

📖 任务描述

综合应用演示文稿章节所学的内容，创建、编辑、美化、放映演示文稿。

① 创建演示文稿并添加文本内容、图片内容。

② 应用设计模板、美化所创建的演示文稿。

③ 设置幻灯片中各对象的动态效果。

📖 任务描述

① 将所有幻灯片的设计模版改为“流畅”主题。

② 将第二张幻灯片中的“钟”图像外围添加一个“圆角矩形”，大小调整为与“钟”图像的大小一样，水滴纹理，并与“钟”图像对齐，置于“钟”图像的下一层。

③ 将第二张幻灯片中的标题“时间”设为“宋体”、“60 号”、“倾斜”，形状效果为“半映像，接触”。

④ 将第四张幻灯片中的项目符号“@”改为“！”。

⑤ 利用母版在所有幻灯片的右上角插入剪贴画“事业与生活”，删除其白色背景。

⑥ 4 张幻灯片的切换效果均为：顺时针回旋，4 根辐轮；设置各幻灯片中文字内容的字体格式。

制作完成后的演示文稿如图 2-20 所示。

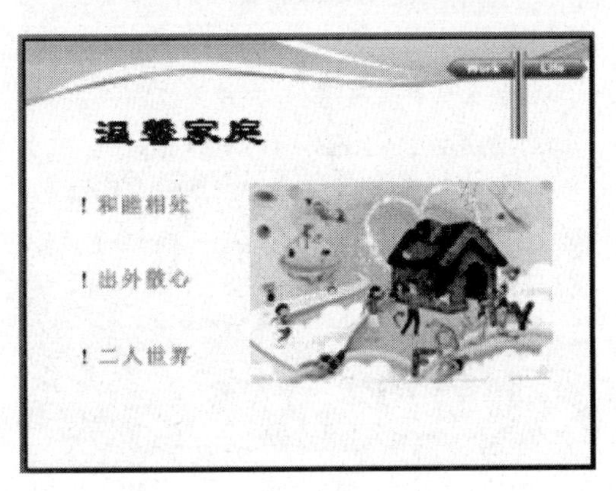

图 2-20 生活真谛文稿

任务三 制作企业文化宣传文稿

任务描述

运用本章所学的内容，根据某企业宣传企业文化的需求，制作该企业的“企业文化宣传”演示文稿，效果如图 2-21 所示。

① 创建“企业文化”演示文稿，并在幻灯片中添加各种对象。

② 美化演示文稿。

③ 设置对象的动态效果。

任务描述

① 根据具体企业的文化理念，添加相应的文化内容。

② 在文化内容中附上相关的图片增加美观。

③ 统一设置幻灯片的外观和布局。

④ 设置各对象的动态效果和幻灯片的切换效果。

关于华浔

- 华浔是在经济发达地区，以专业化的设计施工手段，为人们提供品味、时尚、环保健康家居空间的专业设计者和引导者。
- 华浔是中国知名的装饰企业，中国装饰企业的领导者之一。
- 华浔致力于为推动装饰事业发展的团队和个人搭建成长的平台。
- 华浔是中国装饰企业品味文化创新的第一品牌。

图 2-21 “企业文化”宣传文稿

项目六 多媒体应用

任务一 衣服换色

任务描述

选取一张人物照，为其衣服换色。

任务分析

① 使用磁性套索工具选取换色的衣服，然后利用“色相/饱和度”命令来调整衣服的颜色。

② 在“色相/饱和度”对话框中勾选“着色”复选框。

任务二 使用路径文字排版

任务描述

利用文字路径完成文字的排版，效果如图 2-22 所示。

任务分析

① 按住“Ctrl”键并单击文字图层选取文字，并可将选区转化为路径。

② 使用钢笔工具可绘制一个封闭的路径。

图 2-22　文字的排版

任务三　Flash 打字效果

任务描述

制作一个模拟打字的动画，文字为"Flash 打字效果"，文字逐一出现并后带闪动的竖条。整个动画要求停在最后，即只播放一次。

任务分析

① 闪动的竖条动画可由影片剪辑来制作。

② 动画停止播放脚本为 stop()。

项目七　信息检索与管理

任务一　专业发展现状及就业前景调查报告

任务描述

上网查找自己所读专业的相关信息，就专业的发展现状和就业前景进行分析，写一篇 2 000字左右的调查报告。

任务分析

① 利用搜索引擎如百度、谷歌查找与自己就读专业相关的信息。

② 利用期刊数据库如维普、万方检索自己所学专业发展现状和就业前景相关的参考文献。

任务二　使用 OneNote 管理个人知识

任务描述

上网查找自己想要学习的知识，整理到 OneNote 当中。

① 按知识的类别建立笔记本、分区和建立页面。

② 将搜索到的网页内容整理到 OneNote 笔记本当中。

任务分析

利用 OneNote 全能管理软件可以帮助我们对知识进行全面的管理。

项目八　网页制作 Dreamweaver CS5

任务一　为导航栏设置超链接

任务描述

① 在 Dreamweaver 打开“奥运知识”文件夹的相关网页。

② 分别为各个网页的导航栏设置超级链接，使得单击“奥组委简介”链接到“index. html”网页；单击“吉祥物介绍”链接到“jxw. html”网页；单击“奥运历史”链接到“ls. html”网页；单击“奥运术语”链接到“sy. html”网页；单击“场馆建设”链接到“cgsj. html”网页。

③ 完成后保存网站，预览。

任务分析

创建文本链接的方法主要是在链接文本的“属性”面板中指定链接文件。指定链接文件的方法有下列 3 种。

① 直接输入路径和文件名。在属性面板的“链接”文本框中输入路径和文件名。其中“目标”下拉列表框中的 4 个选项的含义分别如下。

- _bank：在新窗口中打开链接目标。
- _parent：在父窗口中打开链接目标。
- _self：在当前窗口中打开链接目标。
- _top：在上级窗口中打开链接目标。

② 使用“浏览文件”按钮。属性面板中单击文本框右侧的“浏览文件”按钮，弹出“选择文件”对话框。

③ 使用指向文件图标。属性面板中单击文本框右侧的“指向文件”按钮，拖动至链接对象即可。

任务二　创建表单

任务描述

运用所学的有关表格与表单的知识，制作一个电子邮件反馈表单，效果如图 2-23 所示。

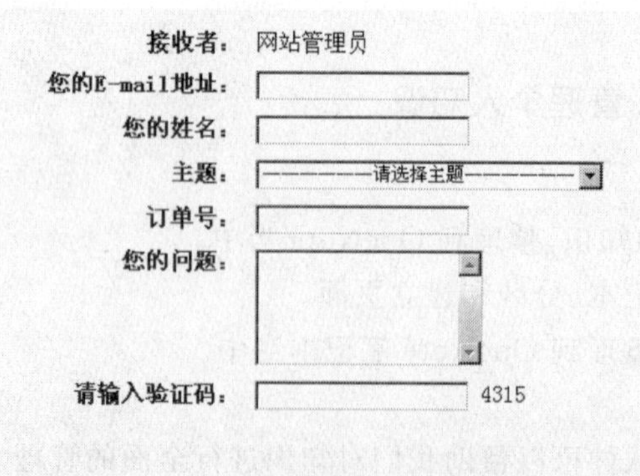

图 2-23　表单效果

任务分析

表单是网页中的一种元素，跟表格类似，它的元素都包含在<form>与</form>标签中。与表格不同的是，表单不可以像表格一样实现嵌套功能。

任务三 创建下载链接

任务描述

① 在 Dreamweaver 中打开“公司简介”文件夹内的主页文件。

② 为该主页文件创建文件下载链接，通过单击网页中的“模型下载”，可下载相关的资源。

③ 完成后保存网站，预览。

任务分析

建立下载文件链接的操作步骤如下。

① 在文档窗口中选择需添加下载文件链接的网页对象。

② 在“链接”选项的文本框中指定链接文件。

③ 按“F12”快捷键预览网页。

任务四 编辑文本

任务描述

① 在 Dreamweaver 中打开“产品展示”文件夹内的主页文件。

② 设置状态栏文本效果，文字为：欢迎光临饰品网站，请随便挑选！

③ 设置主页内的“产品介绍”为文字向上滚动效果。

④ 完成后保存网站，预览。

任务分析

文字滚动效果可用到到代码“marquee”，其基本语法为“<marquee>…</marquee>”；向上方向移动属性的设置为“< marquee direction="up">”。

模块三　基础知识习题

项目一　初识计算机

1. 下列存储器中，存取速度最快的是(　　)。

A. CD-ROM　　B. 内存　　C. 软盘　　D. 硬盘

2. 在微机中，1MB 准确等于(　　)。

A. 1 024×1 024 个字　　B. 1 024×1 024 个字节

C. 1 000×1 000 个字节　　D. 1 000×1 000 个字

3. 计算机存储器中，一个字节由(　　)位二进制位组成。

A. 4　　B. 8　　C. 16　　D. 32

4. 十进制整数 100 化为二进制数是(　　)。

A. 1100100　　B. 1101000　　C. 1100010　　D. 1110100

5. CPU 主要由运算器和(　　)组成。

A. 控制器　　B. 存储器　　C. 寄存器　　D. 编辑器

6. 用汇编语言编写的程序，要转换成等价的可执行程序，必须经过(　　)。

A. 汇编　　B. 编辑　　C. 解释　　D. 编译和连接

7. 在微机的性能指标中，内存储器容量指的是(　　)。

A. ROM 的容量　　B. RAM 的容量

C. ROM 和 RAM 容量的总和　　D. CD-ROM 的容量

8. 1 GB 等于(　　)。

A. 1 000×1 000 字节　　B. 1 000×1 000×1 000 字节

C. 3×1 024 字节　　D. 1 024×1 024×1 024 字节

9. 第三代计算机采用(　　)作为主存储器。

A. 半导体存储器　　B. 磁芯　　C. 微芯片　　D. 晶体管

10. CPU 中控制器的功能是(　　)。

A. 进行逻辑运算　　B. 进行算术运算

C. 分析指令并发出相应的控制信号　　D. 只控制 CPU 的工作

11. 计算机软件分为(　　)。

A. 程序与数据　　B. 系统软件与应用软件

C. 操作系统与语言处理程序　　D. 程序、数据与文档

12. 与十进制数 291 等值的十六进制数为(　　)。

A. 123　　B. 213　　C. 231　　D. 132

13. 能将高级语言源程序转换成目标程序的是(　　)。

A. 编译程序　　B. 解释程序　　C. 调试程序　　D. 编辑程序

14. 在计算机中,应用最普遍的字符编码是(　　)。

A. ASCII码　　B. 原码　　C. 汉字编码　　D. 反码

15. 24×24汉字点阵字库中,表示一个汉字字形需要(　　)字节。

A. 72　　B. 48　　C. 32　　D. 24

16. 在计算机中,汉字采用(　　)存放。

A. 输入码　　B. 字型码　　C. 输出码　　D. 机内码

17. 下列说法中错误的是(　　)。

A. 简单地来说,指令就是给计算机下达的一道命令

B. 指令系统有一个统一的标准,所有的计算机指令系统相同

C. 指令是一组二进制代码,规定由计算机执行程序的操作

D. 为解决某一问题而设计的一系列指令就是程序

18. (　　)是计算机最原始的应用领域,也是计算机最重要的应用之一。

A. 数值计算　　B. 过程控制

C. 信息处理　　D. 计算机辅助设计

19. 计算机应用最广泛的应用领域是(　　)。

A. 数据处理　　B. 数值计算　　C. 过程控制　　D. 人工智能

20. 操作系统是(　　)。

A. 软件与硬件的接口　　B. 计算机与用户的接口

C. 主机与外设的接口　　D. 高级语言与机器语言的接口

21. 用MIPS衡量的计算机性能指标是(　　)。

A. 安全性　　B. 存储容量　　C. 可靠性　　D. 运算速度

22. 第一台电子计算机是1946年在美国研制的,该机的英文缩写名是(　　)。

A. ENIAC　　B. EDVAC　　C. DESAC　　D. MARK-II

23. RAM具有的特点是(　　)。

A. 海量存储

B. 存储在其中的信息可以永久保存

C. 一旦断电,存储在其上的信息将全部消失且无法恢复

D. 存储在其中的数据不能改写

24. 计算机中所有信息的存储都采用(　　)。

A. 二进制　　B. 八进制　　C. 十进制　　D. 十六进制

25. 如果一个存储单元能存放一个字节,那么一个32KB的存储器共有(　　)个存储单元。

A. 32 768　　B. 32 000　　C. 32 765　　D. 32 767

26. 计算机硬件的组成部分主要包括:运算器、存储器、输入设备、输出设备和(　　)。

A. 控制器　　B. 显示器　　C. 磁盘驱动器　　D. 鼠标器

27. 下列几个数中,最大的数是(　　)。

A. 二进制数100000110　　B. 八进制数411

C. 十进制数 263　　D. 十六进制数 108

28. 字符“H”的 ASCII 码的十进制为 72，那么字符“K”的 ASCII 码的十进制为(　　)。

A. 73　　B. 72　　C. 70　　D. 75

29. 计算机存储器中，一个字节由(　　)位二进制位组成。

A. 4　　B. 8　　C. 16　　D. 32

30. 计算机软件系统分为(　　)两大类。

A. 系统软件和操作系统　　B. 数据库软件和应用软件

C. 操作系统和数据库软件　　D. 系统软件和应用软件

31. 微型计算机中，运算器、控制器和内存储器的总称是(　　)。

A. 主机　　B. MPU　　C. CPU　　D. ALU

32. CAI 是计算机的应用领域之一，其含义是(　　)。

A. 计算机辅助制造　　B. 计算机辅助测试

C. 计算机辅助设计　　D. 计算机辅助教学

33. “32 位微型计算机”中的 32 指的是(　　)。

A. 微型计算机型号　B. 机器字长　　C. 内存容量　　D. 存储单位

34. 8 位二进制数所能表示的十进制数的范围是(　　)。

A. 0～255　　B. 1～256　　C. 0～800　　D. 0～1 024

35. 计算机中访问速度最快的存储器是(　　)。

A. 光盘　　B. 硬盘　　C. RAM　　D. U 盘

36. 通常所使用的计算机是(　　)。

A. 混合计算机　　B. 模拟计算机　　C. 数字计算机　　D. 特殊计算机

37. 用(　　)来衡量计算机的运行速度。

A. 字长　　B. 存储容量　　C. 可靠性　　D. 主频

38. 断电会使原存储器信息丢失的是(　　)。

A. RAM　　B. 硬盘　　C. ROM　　D. 软盘

39. 某单位购买了一套最新版本的 Office 软件，该软件属于(　　)。

A. 工具软件　　B. 系统软件　　C. 编辑软件　　D. 应用软件

40. 微型计算机外(辅)存储器是指(　　)。

A. ROM　　B. 磁盘　　C. 软驱　　D. RAM

41. 在微型计算机系统中，VGA 是指(　　)。

A. 显示器的标准之一　　B. 微机型号之一

C. 打印机型之一　　D. CDROM 的型号之一

42. 为解决某一特定问题而设计的指令序列称为(　　)。

A. 程序　　B. 文档　　C. 语言　　D. 系统

43. 在计算机中，既可作为输入设备又可作为输出设备的是(　　)。

A. 键盘　　B. 磁盘驱动器　　C. 显示器　　D. 图形扫描仪

44. 若在一个非零无符号二进制整数右边加两个零形成一个新的数，则新数的值是原数值的(　　)。

A. 二倍　　B. 四倍　　C. 四分之一　　D. 二分之一

45. 下列描述中错误的是(　　)。
A. 所有计算机的字长都是固定不变的,是8位
B. 多媒体技术具有集成性和交互性等特点
C. 通常计算机的存储容量越大,性能越好
D. 各种高级语言的翻译程序都属于系统软件
46. 微机中1 KB字节表示的二进制位数有(　　)。
A. 8×1 000　B. 1 000　C. 1 024　D. 8×1 024
47. 与十六进制数AB等值的十进制数是(　　)。
A. 173　B. 172　C. 171　D. 170
48. 十进制数0.6531转换为二进制数近似为(　　)。
A. 0.1001　B. 0.10001　C. 0.101001　D. 0.01101
49. 把硬盘上的数据传送到计算机的内存中区,称为(　　)。
A. 写盘　B. 打印　C. 读盘　D. 输出
50. 在ASCII码表中,ASCII码值从小到大在排列顺序是(　　)。
A. 大写英文字母、小写英文字母、数字
B. 小写英文字母、大写英文字母、数字
C. 数字、小写英文字母、大写英文字母
D. 数字、大写英文字母、小写英文字母

项目二　操作系统 Windows 7

1. 下列操作中,(　　)不能查找文件或文件夹。
A. 在"资源管理器"窗口中选择"查看"菜单项
B. 用"计算机"窗口中的搜索框进行搜索
C. 用"库"窗口中的搜索框进行搜索
D. 用"开始"菜单中的搜索框进行搜索
2. 在Windows 7中,为结束陷入死循环的程序,应首先按的键是(　　)。
A. "Ctrl+Del"　B. "Alt+Del"
C. "Ctrl+Shift+Esc"　D. "Del"
3. 在Windows 7中,全角方式下输入的数字应占的字节数是(　　)。
A. 2　B. 4　C. 1　D. 3
4. 在Windows 7"个性化"窗口中,为了调整显示器分辨率应从(　　)进入。
A. 窗口颜色　B. 更改桌面图标　C. 桌面背景　D. 显示
5. 如果删除文档中一部分选定的文字的格式设置,可按组合键(　　)。
A. "Ctrl+F6"　B. "Ctrl+Shift"
C. "Ctrl+Shift+Z"　D. "Ctrl+Alt+Del"
6. 显示器的像素分辨率是(　　)好。
A. 一般为　B. 越高越　C. 越低越　D. 中等为

7. 在 Windows 7 中，下面的操作不能激活应用程序的有(　　)。

A. 在任务栏上单击要激活的应用程序按钮

B. 单击要激活的应用程序窗口的任意位置

C. 使用组合键“Ctrl＋Win”

D. 使用组合键“Alt＋Tab”

8. 在下列关于 Windows 7 菜单的说法中，不正确的是(　　)。

A. 当鼠标指向带有向右黑色等边三角形符号的菜单选项时，弹出一个子菜单

B. 命令前有“●”记号的菜单选项，表示该项已经选用

C. 带省略号(…)的菜单选项执行后会打开一个对话框

D. 用灰色字符显示的菜单选项表示响应的程序被破坏

9. Windows 7 将整个计算机显示屏幕看作是(　　)。

A. 工作台　　B. 窗口　　C. 桌面　　D. 背景

10. 在 Windows 7 中，打开“开始”菜单的组合键是(　　)。

A. “Ctrl＋Esc”　　B. “Shift＋Esc”　　C. “Alt＋Esc”　　D. “Alt＋Ctrl”

11. 在 Windows 7 中，错误的新建文件夹的操作是(　　)。

A. 在“资源管理器”窗口中，单击“文件”菜单中的“新建”子菜单中的“文件夹”命令

B. 在 Word 程序窗口中，单击“文件”菜单中的“新建”命令

C. 右击资源管理器的“文件夹内容”窗口的任意空白处，选择快捷菜单中的“新建”子菜单中的“文件夹”命令

D. 在“计算机”的某驱动器或用文件夹窗口中，单击“文件”菜单中的“新建”子菜单中的“文件夹”命令

12. 在“计算机”或者“资源管理器”中，若要选定多个不连续排列的文件，可以先单击第一个待选的文件，然后按住(　　)键，再单击另外待选文件。

A. “Shift”　　B. “Tab”　　C. “Alt”　　D. “Ctrl”

13. 在 Windows 7 中，右击“开始”按钮，弹出的快捷菜单有(　　)。

A. “关闭”命令　　B. “新建”命令

C. 打开 Windows 资源管理器　　D. “替换”命令

14. 在 Windows 7 中，若在某一文档中连续进行了多次剪切操作，当关闭该文档后，“剪贴板”中存放的是(　　)。

A. 所有剪切过的内容　　B. 第一交剪切的内容

C. 空白　　D. 最后一次剪切的内容

15. 在 Windows 7 系统中，回收站是用来(　　)。

A. 接收网络传来的信息　　B. 接收输出的信息

C. 存放使用的资源　　D. 存放删除的文件夹及文件

16. 在 Windows 7 中的“任务栏”上显示的是(　　)。

A. 系统正在运行的所有程序　　B. 系统禁止运行的程序

C. 系统后台运行的程序　　D. 系统前台运行的程序

17. 删除 Windows 7 桌面上某个应用程序的图标，意味着(　　)。

A. 该应用程序连同其图标一起被删除

B. 只删除了该应用程序，对应图标被隐藏

C. 只删除了图标，对应的应用程序被保留

D. 该应用程序连同图标一起被隐藏

18. 在“计算机”或者“资源管理器”中，若要选定全部文件或文件夹，按(　　)键。

A. “Alt+A”　　B. “Tab+A”　　C. “Ctrl+A”　　D. “Shift+A”

19. Windows 7 任务栏不能设置为(　　)。

A. 显示时钟　　B. 使用小图标　　C. 自动隐藏　　D. 总在底部

20. 在 Windows 7 中，下列能进行文件夹重命名操作是(　　)。

A. 选定文件后再按“F4”键

B. 右击文件，在弹出的快捷菜单中选择“重命名”命令

C. 选定文件再单击文件名一次

D. 用“资源管理器”“文件”下拉菜单中的“重命名”命令

21. 在 Windows 7 中，下列说法不正确的是(　　)。

A. 一个应用程序窗口可含多个文档窗口

B. 一个应用程序窗口与多个应用程序相对应

C. 应用程序窗口最小化后，其对应的程序仍占用系统资源

D. 应用程序窗口关闭后，其对应的程序结束运行

22. 把一个文件拖到回收站，则(　　)。

A. 复制该文件到回收站　　B. 删除该文件，且不能恢复

C. 删除该文件，但可恢复　　D. 系统提示“执行非法操作”

23. 以下窗口中，(　　)不能移动。

A. 应用程序窗口　　B. 文档窗口

C. 已最大化的窗口　　D. 所有窗口

24. 在应用程序中通过菜单操作，将文件“t1.txt”另存为“t2.txt”，则(　　)。

A. t1.txt 改名为 t2.txt

B. 原 t1.txt 不变，当前窗口内容以文件名 t2.txt 存盘

C. 原 t1.txt 改名为 t2.txt，当前窗口内容一文件名 t1.txt 存盘

D. 当前窗口内容一文件名 t1.txt 存盘，同时再以文件名 t2.txt 存盘

25. 在资源管理器中进行(　　)操作，将直接删除文件或文件夹，而不将它们放入回收站。

A. 按“Shift+Del”键　　B. 在“文件”菜单中选择“删除”

C. 按“Del”键　　D. 在快捷菜单中选择“删除”

26. 在计算机的日常维护中，对磁盘应定期进行碎片整理，其目的是(　　)。

A. 提高计算机的读写速度　　B. 防止数据丢失

C. 增加磁盘可用空间　　D. 提高磁盘的利用率

27. Windows 7 的“开始”菜单的“最近使用的项目”列表中显示的是(　　)。

A. 所有可运行的程序文件　　B. 最近打开过的文件

C. 最近运行的程序　　　　　　　　　　D. 联机帮助文件

28. 下面关于"回收站"的说法，正确的是(　　)。

A. "回收站"是内存中一个区域

B. 硬盘上被删除的文件一定要放入回收站

C. 软盘上被删除的文件可以选择放入回收站或者不放入回收站

D. "回收站"是硬盘中的一个区域

29. 在 Windows 7 中，当屏幕上的鼠标指针为沙漏箭头形状时，则表明(　　)。

A. 系统正在运行一道程序，这时不能运行其他程序

B. 正在运行打印程序

C. 没有运行任何程序，处于等待状态

D. 系统正在运行一道程序，这时还可以运行其他程序

30. 下面关于 Windows 7 窗口组成元素的描述中，不正确的是(　　)。

A. 拖曳标题栏可以移动窗口的位置，双击标题栏可以最大化窗口

B. 不同应用程序窗口的菜单栏内容不同的，但多数都有"文件、"编辑"和"帮助"项

C. 每一个窗口都有工具栏，它们一定位于菜单栏上方

D. 双击控制图标，可以关闭窗口

31. 如果鼠标器突然失灵，则可用(　　)组合键来关闭一个正在运行的应用程序(任务)。

A. "Alt＋F4"　　B. "Ctrl＋F4"　　C. "Shift＋F4"　　D. "Alt＋Shift＋F4"

32. Windows 7 中，对文件和文件夹的管理是通过(　　)来实现的。

A. 对话框　　　　　　　　　　B. 剪贴板

C. 资源管理器或我的电脑　　　　D. 控制面板

33. 在 Windows 7 中，按组合键(　　)可以实现中文输入和英文输入之间的切换。

A. "Alt＋Space"　　B. "Shift＋Space"　　C. "Ctrl＋Shift"　　D. "Alt＋Tab"

34. 在 Windows 7 中，鼠标指针为沙漏与箭头" "表示(　　)。

A. 没有任务正在执行，所有任务都在等待

B. 正在执行复制任务或打印任务

C. 正在执行一项任务，不可执行其他任务

D. 正在执行一项任务，但仍可执行其他任务

35. 在 Windows 7 的文件夹结构是一种(　　)。

A. 关系结构　　B. 网状结构　　C. 对象结构　　D. 树状结构

36. 在 Windows 7 中，程序窗口最小化后(　　)。

A. 程序仍在前台运行　　　　B. 程序转为后台运行

C. 程序运行被终止　　　　　D. 程序运行被暂中断，但可随时恢复

37. 在 Windows 7 中，如果选中名字前带有"√"记号的菜单选项，则(　　)。

A. 弹出子菜单元　　　　B. 弹出对话框

C. "√"变为"×"　　　　D. 名字前记号消失

38. "记事本"文档的扩展名为(　　)。

A. .txt　　B. .com　　C. .exe　　D. .bmp

39. 以下文件名,合法的 Windows 7 文件名是(　　)。

A. basic. *　　　　B. basic. 1. bas

C. basic<1>. bas　　　　D. basic"1". bas

40. 关于"回收站"的说法正确的是(　　)。

A. 暂存所有被删除的对象

B. 回收站的内容不可以恢复

C. 清空回收站后仍可以用命令的方式恢复

D. 回收站的内容不占用硬盘空间

41. 在 Windows 7 中,下列叙述正确的是(　　)。

A. 一个窗口经最大化后可利用鼠标拖曳窗口边框改变窗口的大小

B. 利用鼠标拖曳窗口边框可以移动窗口

C. 一个窗口经最大化后不能再移动

D. 一个窗口经最小化后不能立即还原

42. 在 Windows 7 中,"复制"操作的组合键是(　　)。

A. "Ctrl+Backspace"　　　　B. "Ctrl+C"

C. "Ctrl+V"　　　　D. "Ctrl+X"

43. 打开窗口的控制菜单可以单击控制菜单框或者(　　)。

A. 按"Ctrl+Space"组合键　　　　B. 按"Alt+Space"组合键

C. 双击标题栏　　　　D. 按"Shift+Space"组合键

44. 要把当前活动窗口的内容复制到剪贴板中,可按(　　)。

A. "Alt+PrintScreen"　　　　B. "Shift+PrintScreen"

C. "PrintScreen"　　　　D. "Ctrl+PrintScreen"

45. 在 Windows 7 中,任务栏出现的图标和通知行为不包括(　　)。

A. 隐藏图标和显示通知　　　　B. 显示图标和通知

C. 仅显示通知　　　　D. 隐藏图标和通知

46. 在 Windows 7 的"库"窗口中不包括的默认库是(　　)。

A. 视频　　B. 个人笔记　　C. 文档　　D. 音乐

47. 在 Windows 7 中,关于窗口的操作,下面说法不正确的有(　　)。

A. 拖曳窗口标题栏移到桌面右侧边上释放,窗口占据右侧半个桌面

B. 拖曳窗口标题栏移到桌面上侧边上释放,窗口占据整个桌面

C. 当窗口最大化时,拖曳窗口标题栏往下释放可以向下还原窗口

D. 通过窗口的控制菜单不能关闭窗

48. 计算机键盘上的"Tab"键是(　　)。

A. 控制键　　B. 退格键　　C. 制表定位键　　D. 交替换档键

49. 在 Windows 7 中,回收站是(　　)。

A. 内存中的一块区域　　　　B. 软盘上的一块区域

C. 硬盘上的一块区域　　　　D. 高速缓存中的一块区域

项目三　文档处理 Word 2010

1. Word 2010 默认的文件扩展名为(　　)。

A. .doc　　B. .docx　　C. .xls　　D. .ppt

2. 在 Word 2010 中,若要将一些文本内容设置为黑体字,则首先应该(　　)。

A. 单击 B 按钮　　B. 单击带下画线的 U 按钮

C. 选定文本内容　　D. 单击 A 按钮

3. 在 Word 2010 中,对于用户的错误操作(　　)。

A. 只能撤销最后一次对文档的操作

B. 可以撤销用户的多次操作

C. 不能撤销

D. 可以撤销所有的错误操作

4. 在 Word 2010 中,如果已存在一个名为 Al. docx 的文件,要想将它换名为 NEW. docx,可以选择(　　)命令。

A. 另存为　　B. 保存　　C. 全部保存　　D. 新建

5. 在 Word 2010 中,要使文档的标题位于页面居中位置,应使标题(　　)。

A. 两端对齐　　B. 居中对齐　　C. 分散对齐　　D. 右对齐

6. 下列关于 Word 2010 文档窗口的说法中,正确的是(　　)。

A. 只能打开一个文档窗口

B. 可以同时打开多个文档窗口,被打开的窗口都是活动窗口

C. 可以同时打开多个文档窗口,但其中只有一个是活动窗口

D. 可以同时打开多个文档窗口,但在屏幕上只能见到一个文档窗口

7. 在退出 Word 2010 时,如果有工作文档尚未存盘,系统的处理方法是(　　)。

A. 不予理会,照样退出

B. 自动保存文档

C. 会弹出一要求保存文档的对话框供用户决定保存与否

D. 有时会有对话框,有时不会

8. Word 2010 可以同时打开多个文档窗口,但是,文档窗口打开得越多,占用内存会(　　)。

A. 越少,因而速度会更慢　　B. 越少

C. 越多,因而速度会更快　　D. 越多,因而速度会更慢

9. Word 2010 是(　　)公司开发的文字处理软件。

A. 微软(Microsoft)　B. 联想(Legend)　C. 方正(Founder)　D. 莲花(Lotus)

10. 在 Word 2010 文档操作中,按“Enter”键其结果是(　　)。

A. 产生一个段落结束符　　B. 产生一个行结束符

C. 产生一个分页符　　D. 产生一个空行

11. Word 的样式是一组(　　)的集合。

A. 格式　　B. 模板　　C. 公式　　D. 控制符

12. 在 Word 文本编辑区中有一个闪烁的粗竖线,它是(　　)。

A. 段落分隔符　　B. 鼠标光标　　C. 分节符　　D. 插入点

13. 如果要使 Word 2010 编辑的文档可以用 Word 2003 打开,下列说法正确的是(　　)。

A. 另存为"word 97-2003 文档"

B. 另存为"word 文档"

C. 将文档直接保存即可

D. Word 2010 编辑保存的文件不可以用 Word 2003 打开

14. 启动 Word 后,系统为新文档的命名应该是(　　)。

A. 系统自动以用户输入的前 8 个字

B. 自动命名为".Doc"

C. 自动命名为"文档 1"、"文档 2"或"文档 3"

D. 没有文件名

15. 在 Word 中,如果要调整文档中的字符间距,可使用"开始"标签下的(　　)命令。

A. 字体　　B. 段落　　C. 制表位　　D. 样式

16. 在 Word 中,如果要为选取的文档内容加上波浪下画线,可使用"开始"标签下的(　　)。

A. 字体　　B. 段落　　C. 制表位　　D. 样式

17. 在 Word 中,如果要调整行距,可使用"开始"选项卡中的(　　)。

A. 字体　　B. 段落　　C. 制表位　　D. 样式

18. 在 Word 中,单击格式工具栏上的(　　)按钮,可使选取的文档内容处于水平方向的中间位置。

A. 两端对齐　　B. 居中　　C. 左对齐　　D. 右对齐

19. 在 Word 中,下列不属于文字格式的是(　　)。

A. 字体　　B. 字形　　C. 分栏　　D. 字号

20. 在 Word 中,系统默认的中文字体是(　　)。

A. 黑体　　B. 宋体　　C. 仿宋体　　D. 楷体

21. 在 Word 中,系统默认的中文字体的字号是(　　)号。

A. 三　　B. 四　　C. 五　　D. 六

22. 在 Word 中查找和替换文字时,若操作错误则(　　)。

A. 可用"撤销"来恢复　　B. 必须手工恢复

C. 无可挽回　　D. 有时可恢复,有时就无可挽回

23. 在 Word 中,如果当前光标在表格中某行的最后一个单元格的外框线上,按"Enter"键后,(　　)。

A. 光标所在行加高　　B. 光标所在列加宽

C. 在光标所在行下增加一行　　D. 对表格不起作用

24. 在 Word 中,如果要在文档中选定的位置添加另一个 DOCX 文件的全部内容,可使用"插入"选项卡中的(　　)命令。

A. 数字　　B. 图文框

C. 对象　　D. 对象下拉菜单中的"文件中的文字"

25. 在 Word 中,如果要在文档中选定的位置加入一幅图片,可使用(　　)标签中的“图片…”命令。

A. 编辑　　B. 视图　　C. 插入　　D. 工具

26. 在 Word 中,如果要为文档加上页码,可使用(　　)标签中的“页码…”命令。

A. 文件　　B. 编辑　　C. 插入　　D. 格式

27. 按住(　　)键不松开,然后拖曳鼠标,可以选择若干列。

A. “Ctrl”　　B. “Alt”　　C. “Shift”　　D. “Tab”

28. 在 Word 中,如果想为文档加上页眉和页脚,可使用(　　)标签中的“页眉和页脚”命令。

A. 开始　　B. 视图　　C. 插入　　D. 邮件

29. 在 Word 中,(　　)视图方式下,可以查看到插入的页眉和页脚。

A. 大纲　　B. 普通　　C. 页面　　D. 全屏显示

30. 在 Word 文档中,“插入”选项卡中的“书签”命令是用来(　　)。

A. 快速定位文档　　B. 快速移动文本

C. 快速浏览文档　　D. 快速复制文档

31. 在 Word 中,可利用(　　)选项卡中的“查找…”命令查找指定的内容。

A. 开始　　B. 插入　　C. 页面布局　　D. 视图

32. 利用 Word 的替换命令,可替换文档的(　　)。

A. 字符格式　　B. 艺术字　　C. 剪贴画　　D. 表格

33. 在 Word 中,如果使用了项目符号或编号,则项目符号或编号在(　　)时会自动出现。

A. 每次按“Enter”键　　B. 按“Tab”键

C. 一行文字输入完毕并按“Enter”键　　D. 文字输入超过右边界

34. 在 Word 编辑时,文字下面有红色波浪线表示(　　)。

A. 已修改过的文档　　B. 对输入的确认

C. 可能是拼写错误　　D. 可能是语法错误

35. Word 处理的文档内容打印输出时与页面视图显示的(　　)。

A. 完全不同　　B. 完全相同　　C. 一部分相同　　D. 大部分相同

36. 在 Word 中,要将页面大小规格由默认的 A4 改为 B5,应选择“页面布局”选项卡中“页面设置”命令中的(　　)选项卡。

A. 页边距　　B. 文档网格　　C. 版式　　D. 纸张

37. 在 Word 中,下列关于模板的说法中,正确的是(　　)。

A. 模板的扩展名是.txt

B. 模板不可以创建

C. 模板是一种特殊的文档,它决定着文档的基本结构和样式,作为其他同类文档的模型

D. 在 Word 中,文档都不是以模板为基础的

38. 在 Word 中,关于设置保护密码的说法正确的一项是(　　)。

A. 在设置保护密码后,每次打开该文档时都要输入密码

B. 在设置保护密码后，每次打开该文档时都不要输入密码

C. 设置保护密码后，执行“文件”菜单的“保存”命令

D. 保护密码是不可以取消的

39. 利用 Word 编辑文档时，插入剪贴画后其默认的环绕方式为（　　）。

A. 紧密型　　B. 浮于文字上方　　C. 嵌入型　　D. 衬于文字下方

40. 在段落对齐的方式中，哪一种方式能使段落中的每一行（包括段落结束行）都能与左右边缩进对齐（　　）。

A. 左对齐　　B. 两端对齐　　C. 居中对齐　　D. 分散对齐

41. 打印页码 2-5、10、12 表示打印的是（　　）。

A. 第 2 页，第 5 页，第 10 页，第 12 页

B. 第 2 至 5 页，第 10 至 12 页

C. 第 2 至 5 页，第 10 页，第 12 页

42. 在插入脚注、尾注时，最好使当前视图为（　　）。

A. 普通视图　　B. 页面视图　　C. 大纲视图　　D. 全屏视图

43. 如果在一篇文档中，所有的“大纲”二字都被录入员误输为“大刚”，如何最快捷地改正（　　）。

A. 用“定位”命令　　B. 用“撤销”和“恢复”命令

C. 用“开始”选项卡中的“替换”命令　　D. 用插入光标逐字查找，分别改正

44. 选择全文按（　　）键。

A. “Ctrl＋A”　　B. “Shift＋A”　　C. “Alt＋A”

45. 双击“格式刷”可将一种格式从一个区域一次复制到（　　）个区域。

A. 三个　　B. 多个　　C. 一个　　D. 两个

46. 移动光标到文件末尾的快捷键组合是（　　）。

A. “Ctrl＋ PgDn”　B. “Ctrl＋PgUp”　C. “Ctrl＋Home”　D. “Ctrl＋End”

47. 如果文档中的内容在一页没满的情况下需要强制换页，（　　）。

A. 不可以这样做

B. 插入分页符

C. 多按几次回车键直到出现下一页

48. 怎样确保绘制的直线一定水平或垂直？（　　）

A. 绘制直线时，按下鼠标左右两键拖曳鼠标

B. 绘制直线时，按下“Shift”键，按下左键拖曳鼠标

C. 绘制直线时，按“Ctrl”键，按下左键拖曳鼠标

D. 绘制直线时，用鼠标右键拖曳

49. 对于一段两端对齐的文字，只选其中的几个字符，单击“居中”按钮，则（　　）。

A. 整个文档变为居中格式　　B. 只有被选中的文字变为居中格式

C. 整个段落变为居中格式　　D. 格式不变，操作无效

50. 在 Word 中，若要对表格的一行数据合计，正确的公式是（　　）。

A. ＝sum(above)　　B. ＝average(left)

C. ＝sum(left)　　D. ＝average(above)

51. 以下有关 Word 中“项目符号”的说法错误的是(　　)。

A. 项目符号可以改变

B. 项目符号只能是阿拉伯数字

C. 项目符号可增强文档的可读性

D. $,@都可定义为项目符号

52. 在 Word 的编辑状态,单击“开始”选项卡中的“复制”按钮后(　　)。

A. 选择的内容被复制到插入点处

B. 被选择的内容被复制到剪贴板

C. 插入点所在的段落内容被复制到剪贴板

D. 光标所在的段落内容被复制到剪贴板

53. 下列关于“保存”与“另存为”命令的叙述中,正确的是(　　)。

A. Word 保存的任何文档,都不能用写字板打开

B. 保存新文档时,“保存”与“另存为”的作用是相同的

C. 保存旧文档时,“保存”与“另存为”的作用是相同的

D.“保存”命令只能保存新文档,“另存为”命令只能保存旧文档

54. Word 允许用户选择不同的文件显示方式,如“普通”、“页面”、“大纲”、“主控文档”和“全屏显示”等,不同的显示方式应在(　　)选择卡中选择。

A. “开始”　　B. “页面布局”　　C. “视图”　　D. “邮件”

55. 在 Word 中,(　　)用于控制文字在屏幕上的显示大小。

A. 显示比例　　B. 页面显示　　C. 缩放显示　　D. 全屏显示

56. 在编辑 Word 文档时,选择某一段文字后,把鼠标指针置于选中文本的任一位置,按“Ctrl”键并按鼠标左键不放,拖到另一个位置才放开鼠标。这个操作是(　　)。

A. 复制文本　　B. 移动文本　　C. 替换文本　　D. 删除文本

57. 下面关于 Word 的说法中,正确的是(　　)。

A. Word 只能将文档保存成 Word 格式

B. Word 文档只能有文字,不能加入图形

C. Word 不能实现“所见即所得”的排版效果

D. Word 能打开多种格式的文档

58. 对图片不可以进行的操作是(　　)。

A. 裁剪　　B. 移动　　C. 分栏　　D. 改变大小

59. 在 Word 工作过程中,当光标位于文档中某处,输入字符,通常有两种工作状态以(　　)。

A. 插入与改写　　B. 插入与移动　　C. 改写与复制　　D. 复制与移动

60. 如果规定某一段的首行左端起始位置在该段落其余各行左端的左面,这叫作(　　)。

A. 左缩进　　B. 右缩进　　C. 首行缩进　　D. 悬挂缩进

项目四 电子表格 Excel 2010

1. 在 Excel 中，将工作簿“另存为”的快捷键是(　　)。

A. “Ctrl+S”　　B. “Alt+S”　　C. “F4”　　D. “F12”

2. 以下(　　)选项卡不包含在 Excel 的选项中。

A. 开始　　B. 编辑　　C. 视图　　D. 插入

3. 有关 Excel 中，“新建工作簿”有下面几种说法，其中正确的是(　　)。

A. 新建的工作簿会覆盖原先的工作簿

B. 新建的工作簿在原先的工作簿关闭后出现

C. 可以同时出现两个工作簿

D. 新建工作簿可以使用“Shift+N”快捷键

4. 在 Excel 中，下列(　　)是输入正确的公式形式。

A. ==sum(d1:d2)　　B. >=b2*d3+1

C. ='c7+c1　　D. =8^2

5. Excel 2010 文档默认的扩展名为(　　)。

A. .docx　　B. .xlsx　　C. .xlc　　D. .pptx

6. 在 Excel 中，存储数据的最小单位是(　　)。

A. 工作表　　B. 工作簿　　C. 单元格　　D. 工作区域

7. 在 Excel 工作表中，不正确的单元格地址是(　　)。

A. C$66　　B. $C66

C. C6$6　　D. C66

8. 在 Excel 工作表中，标识一个由单元格 B3、B4、C3、C4、D4、D5、D6、D7 组成的区域，正确写法是(　　)。

A. B3:D7　　B. B3:C4,D4:D7

C. B4:C3:D4:D7　　D. B3:D4:D9

9. 在 Excel 中，若要选定区域 A1:C4 和 D3:F6，应当(　　)。

A. 按鼠标左键从 A1 拖曳到 C4，然后按鼠标左键从 D3 拖曳到 F6

B. 按鼠标左键从 A1 拖曳到 C4，然后按住“Shift”键，按鼠标左键从 D3 拖曳到 F6

C. 按鼠标左键从 A1 拖曳到 C4，然后按住“Ctrl”键，按鼠标左键从 D3 拖曳到 F6

D. 按鼠标左键从 A1 拖曳到 C4，然后按住“Alt”键，按鼠标左键从 D3 拖曳到 F6

10. 在 Excel 工作表中，将绝对地址复制到其他单元格时，其单元格中的地址(　　)。

A. 不能复制　　B. 不改变

C. 全部改变　　D. 部分改变

11. 在 Excel 的地址引用中，如果引用了其他工作表中的地址，则需要在该工作表名和引用地址之间加入(　　)符号。

A. !　　B. @　　C. $　　D. %

12. 在 Excel 工作表中，如果输入分数，应当首先输入(　　)。

A. 字母、0　　B. 数字、空格　　C. 0、空格　　D. 空格、0

13. 在 Excel 单元格中输入日期时，年、月、日分隔符可以是(　　)。

A. “/”或“－”　　B. “.”或“|”

C. “/”或“\”　　D. “\”或“－”

14. 在 Excel 单元格中输入数字 000123，若想将输入的数字作为字符串，应输入(　　)。

A. 000123　　B. ″000123″　　C. ′000123　　D. 000123′

15. A1 单元格的数据为“上课周数”，欲将“周数”改为“时间”的正确操作为(　　)，然后删除“周数”，再输入“时间”，并按“Enter”键。

A. 双击 A1　　B. 单击 A1　　C. 右击 A1　　D. 拖曳 A1

16. 在 A1 单元格输入“华南”及“地区”两行，正确操作为(　　)。

A. 输入“华南”，再按“Shift＋Enter”组合键，再输入“地区”，再按“Enter”键

B. 输入“华南”，再按“Enter”键，再输入“地区”，再按“Enter”键

C. 输入“华南”，再按“Alt＋Enter”组合键，再输入“地区”，再按“Enter”键

D. 输入“华南地区”，再按“Enter”键

17. 在 Excel 中，当工作表可以进行数据填充操作时，鼠标的形状为(　　)。

A. 空心粗十字　　B. 向左上方箭头

C. 实心细十字　　D. 向右上方箭头

18. 已在某工作表的 A1、B1 单元格中分别输入了一月、三月，并且将这两个单元格选定，现拖曳 B1 单元格右下角的填充柄向右拖曳，则在 C1、D1、E1 单元格显示的数据是(　　)。

A. 四月、五月、六月　　B. 二月、四月、五月

C. 五月、六月、七月　　D. 五月、七月、九月

19. 以下对于 Excel 的“批注”功能，描述错误的是(　　)。

A. 批注是在单元格上附加的注解性文字

B. 打开“审阅”选项卡→单击“删除”按钮，可以删除批注

C. 添加批注后的单元格在左上角上显示一个红色的三角形

D. 批注中的文本格式可以修改

20. 在单元格中输入公式，编辑栏上的“√”按钮表示(　　)操作。

A. 拼写检查　　B. 函数向导　　C. 确认　　D. 取消

21. 在 Excel 中，如果要在同一行或同一列的连续单元格使用相同的计算公式，可以先在第一单元格中输入公式，然后用鼠标拖曳单元格的(　　)来实现公式复制。

A. 列标　　B. 行标　　C. 填充柄　　D. 框

22. 将工作表中的 D2 单元格内容复制到 J5 单元格，下列操作中错误的是(　　)。

A. 单击 D2 单元格→按快捷键“Ctrl＋V”→单击 J5 单元格→按快捷键“Ctrl＋C”

B. 单击 D2 单元格→单击快速访问工具栏中的“复制”按钮→单击 J5 单元格→按快捷键“Ctrl＋V”

C. 单击 D2 单元格→按快捷键“Ctrl＋C”→单击 J5 单元格→单击快速访问工具栏中的“粘贴”按钮

D. 单击 D2 单元格→单击快速访问工具栏中的“复制”按钮→单击 J5 单元格→单击快

速访问工具栏中的“粘贴”按钮

23. 需要(　　)而变化的情况下，必须引用绝对地址。

A. 在引用的函数中填入一个范围时，为使函数中的范围随地址位置不同

B. 把一个单元格地址的公式复制到一个新的位置时，为使公式中单元格地址随新位置

C. 把一个含有范围的公式或函数复制到一个新的位置时，为使公式或函数中的范围不随新位置不同

D. 把一个含有范围的公式或函数复制到一个新的位置时，为使公式或函数中范围随新位置不同

24. 在 Excel 中，有关调整行高和列宽的说法错误的是(　　)。

A. 改变数据区中行高、列宽都可以在“格式”按钮中找到相应命令

B. 行高是指行的底到顶之间的距离

C. 如果列宽设置有误，可以按单击快速访问工具栏中的“撤销”按钮消除

D. 可以在一个对话框内设置单元格的行高和列宽

25. Excel 中有多个常用的简单函数，其中函数 AVERAGE(区域)的功能是(　　)。

A. 求区域内数据的个数　　B. 求区域内所有数字的平均值

C. 求区域内数字的和　　D. 返回函数的最大值

26. 在 Excel 中，若要对某个工作表重新命名，可以在(　　)后修改。

A. 单击工作表标签　　B. 双击工作表标签

C. 单击工作表中某表格的标题　　D. 双击工作表中某表格的标题

27. 在 Excel 工作簿中，有关移动和复制工作表的说法正确的是(　　)。

A. 工作表只能在所在工作簿内移动不能复制

B. 工作表只能在所在工作簿内复制不能移动

C. 工作表可以移动到其他工作簿内，不能复制到其他工作簿内

D. 工作表可以移动到其他工作簿内，也可复制到其他工作簿内

28. 在 Excel 中要选取多个相邻的工作表，需要按住(　　)键。

A. “Del”　　B. “Tab”　　C. “Alt”　　D. “Shift”

29. 在 Excel 中，给当前单元格输入数值型数据时，默认为(　　)。

A. 居中　　B. 左对齐　　C. 右对齐　　D. 随机

30. 以下对 Excel“条件格式”的叙述中，错误的是(　　)。

A. 可以在单元格数据满足不同条件时，显示不同格式

B. 对一个单元格，只可以设定一种条件格式

C. 可以对单元格的公式设定条件格式

D. 不可以对单元格中的文本设定条件格式

31. 欲将 A1 单元格中的“××学院”4 个字排版在 A1～D1 单元格的中部，正确的操作是(　　)。

A. 选定 A1:D1 区域，再单击“合并后居中”按钮

B. 选定 A1:D1 区域，再单击“居中”按钮

C. 选定 A1 单元格，再单击“合并后居中”按钮

D. 选定 A1 单元格，再单击“居中”按钮

32. 在 Excel 中的某个单元格中输入文字，若要文字能自动换行，可利用“单元格格式”对话框的(　　)选项卡，选择“自动换行”。

A. 数字　　B. 对齐　　C. 图案　　D. 保护

33. 在 Excel 中，单元格的清除是指(　　)。

A. 清除单元格中的内容、格式等，清除后的空白单元格还在，它与删除单元格的含义相同

B. 清除单元格中的内容、格式等，清除后的空白单元格不在，它与删除单元格的含义不同

C. 清除单元格中的内容、格式等，清除后的空白单元格还在，它与删除单元格的含义不同

D. 清除单元格中的内容、格式等，清除后的空白单元格不在，它与删除单元格的含义相同

34. 在 Excel 工作簿中，对工作表不可以进行打印设置的是(　　)。

A. 打印区域　　B. 打印标题　　C. 打印讲义　　D. 打印顺序

35. Excel 工作表最多可有(　　)列。

A. 65535　　B. 256　　C. 255　　D. 128

36. 在 Excel 的单元格中输入公式时，必须先输入(　　)。

A. =　　B. @　　C. (　　D. 空格

37. 在 Excel 中，公式中使用的运算符“&”表示(　　)。

A. 逻辑值的与运算　　B. 字符串的比较运算

C. 数值型数据的无符号相加　　D. 字符型数据的连接

38. 在 Excel 的单元格中输入(　　)，则该单元格显示的内容为 0.5。

A. 1/2　　B. =1/2　　C. “1/2”　　D. =“1/2”

39. 在 Excel 工作表中，正确的 Excel 公式形式为(　　)。

A. =B3 * Sheet3! A2　　B. =B3 * Sheet3 $ A2

C. =B3 * Sheet3:A2　　D. =B3 * Sheet3%A2

40. 已知某工作表的 E 列数据=B 列+D 列，下面操作中错误的是(　　)。

A. 在 E2 单元格直接输入=B2+D2，然后拖曳 E2 右下角的“填充柄”将该公式复制到 E 列的其他单元格上

B. 选中 E2 单元格，再在公式编辑区中输入=B2+D2，按“Enter”键后用拖曳填充柄的方法将其复制到 E 列的其他单元格

C. 在 E2 单元格直接输入=B $ 2+D $ 2，然后拖曳 E2 右下角的“填充柄”将该公式复制到 E 列的其他单元格上

D. 在 E2 单元格直接输入= $ B2+ $ D2，然后拖曳 E2 右下角的“填充柄”将该公式复制到 E 列的其他单元格上

41. 在 Excel 的工作表中，若单元格 C5=10、D5=5、C6=60、D6=6，当在单元格 E5 中填入公式“=C5 * $ D $ 5”，将此公式复制到 F6 单元格中，则 F6 单元格的值为(　　)。

A. 50　　B. 600　　C. 30　　D. 360

42. 在 Excel 中，求工作表中 A1 到 A6 单元格中数据之和的公式，下列选项中错误的

是（　　）。

A. ＝A1＋A2＋A3＋A4＋A5＋A6

B. ＝SUM(A1:A6)

C. ＝ SUM(A1,A2,A3,A4,A5,A6)

D. ＝SUM(A1＋A2＋A3＋A4＋A5＋A6)

43. 在 Excel 的某一单元格中输入公式“＝SUM(5,6,″7″)”,则结果显示为（　　）。

A. 0　　B. 18　　C. ＃REF!　　D. 11

44. A1、A2、A3 单元格的数据分别为 1、2、3,A4 单元格的内容为＝SUM(A1:A3,4),则 A4 单元格的结果为（　　）。

A. 10　　B. 6　　C. 4　　D. ＃REF!

45. 若将 A1:A5 命名为 xi,数值分别为 1、3、5、7 和 9;C1:C3 命名为 axi,数值为 2、4 和 6,则 AVERAGE(xi,axi)的值等于（　　）。

A. 4　　B. 4.625　　C. 5　　D. 7

46. 在某工作表中,对 A2 单元格中的数据进行四舍五入(保留两位小数),并将结果填入 B2 单元格中,应在 B2 单元格中输入下述（　　）计算公式。

A. ＝ROUND(A2,2)　　B. ＝ROUND(A2,3)

C. ＝INT(A2)　　D. ＝AVERAGE(A2,2)

47. 在某工作表的某一单元格中输入＝LEFT(″a0b123″,3),按“Enter”键后的显示结果为（　　）。

A. 123　　B. a0b　　C. 空白　　D. a30

48. 假设系统的当前日期为 2012 年 5 月 1 日,当前时间为上午 8 点 30 分,而某单元格的日期格式已被设置为“××××年××月××日”格式,则在活动单元格中输入＝NOW(),按“Enter”键后该单元格的显示结果是（　　）。

A. 只有系统的当前日期 2012 年 5 月 1 日

B. 只有系统的当前时间为上午 8:30

C. 既有系统的当前日期 2012 年 5 月 1 日,又有系统的当前时间为上午 8:30

D. 什么内容也没有

49. 在 Excel 中,设 E 列单元格存放应发工资,F 列以存放实发工资,其中当应发工资＞2 000 元时,实发工资＝应发工资－(应发工资－2 000 元) * 税率;当应发工资≤2 000 元时,实发工资＝应发工资。设税率为 5%。则在 F 列使用公式计算实发工资时,应输入的公式是（　　）。

A. ＝IF(E2＞2000,E2－(E2－2000) * 5%,E2)

B. ＝IF(E2＞2000,E2,E2－(E2－2000) * 5%)

C. ＝IF(″E2＞2000″,E2－(E2－2000) * 5%,E2)

D. ＝IF(″E2＞2000″,E2,E2－(E2－2000) * 5%)

50. 已知单元格 C7 中的公式为＝SUM(C2:C6),将 C7 的公式复制到单元格 D7 后,D7 的公式为（　　）。

A. ＝SUM(C2:C6)　　B. ＝SUM(D2:D6)

C. SUM(C2:C7)　　D. SUM(D2:D7)

51. 在 Excel 工作表中,单元格 D5 中有公式＝B2＋C4,删除 A 列后,则单元格 C5

中的公式应当为(　　)。

A. ＝A2＋B4　　B. ＝B2＋B4

C. ＝A2＋C4　　D. ＝B2＋C4

52. 在Excel中当单元格出现多个字符"#"时,说明该单元格(　　)。

A. 数据输入错误

B. 数据格式设置错误

C. 文字数据长度超过单元格宽度

D. 数值数据长度超过单元格宽度

53. 在Excel中,当某一单元格中显示的内容为"#NAME?"时,它表示(　　)。

A. 公式中某个参数错误

B. 公式中的名称有问题

C. 在公式中引用无效的文本

D. 无意义

54. 对于Excel提供的数据图表,下列说法正确的是(　　)。

A. 嵌入式图表与相应的工作表存放在不同的工作表中

B. 独立式图表与相应的工作表存放在不同的工作簿中

C. 独立式图表与相应的工作表存放在同一个工作簿中

D. 当工作表数据变动时,与它相关的独立式图表不能自动更新

55. 当向Excel工作表单元格输入公式时,使用单元格地址D$2引用D列2行单元格,该单元格的引用称为(　　)。

A. 交叉地址引用　　B. 混合地址引用

C. 相对地址引用　　D. 绝对地址引用

56. 在Excel中,一张工作表可以当作数据清单使用,只是要求工作表的第一行为列标题(字段名),且其数据类型须为(　　)。

A. 文本型　　B. 数值型　　C. 日期型　　D. 逻辑型

57. 在Excel中,使用筛选条件"数学＞80"且"总分＞400"对成绩表进行筛选后,在筛选结果中显示的记录是(　　)。

A. 数学＞80的记录　　B. 总分＞400的记录

C. 数学＞80且总分＞400的记录　　D. 数学＞80或总分＞400的记录

58. 在Excel工作表中,使用"高级筛选"命令对数据清单进行筛选时,在条件区域的不同行中输入多个条件,则表示这些条件之间是(　　)。

A. "与"的关系　　B. "或"的关系

C. "非"的关系　　D. "异或"的关系

59. 在Excel数据清单中,按某一字段内容进行归类,并按每一类进行统计,则该操作是(　　)。

A. 筛选　　B. 排序　　C. 记录查找　　D. 分类汇总

60. 关于图表的错误叙述是(　　)。

A. 当工作表区域中的数据发生变化时,由这些数据产生的图表的也会自动更新

B. 图表可以放在一个新的工作表中,也可嵌入在一个现有的工作表中

C. 选定数据区域时最好选定带表头的一个数据区域

D. 只能以表格列作为数据系列

项目五　演示文稿制作 PowerPoint 2010

1. PowerPoint 2010 运行于(　　)环境下。

A. UNIX　　B. DOS　　C. Macintosh　　D. Windows

2. 绘制图形时按(　　)键图形为正方形。

A. "Shift"　　B. "Ctrl"　　C. "Delete"　　D. "Alt"

3. 将一个幻灯片上多个已选中自选图形组合成一个复合图形,使用(　　)选项卡。

A. 开始　　B. 插入　　C. 动画　　D. 格式

4. 改变对象大小时,按下"Shift"键时出现的结果是(　　)。

A. 以图形对象的中心为基点进行缩放

B. 按图形对象的比例改变图形的大小

C. 只有图形对象的高度发生变化

D. 只有图形对象的宽度发生变化

5. PowerPoint 2010 演示文稿的扩展名为(　　)。

A. .ppt　　B. .pps　　C. .pptx　　D. .htm

6. 选择不连续的多张幻灯片,借助(　　)键。

A. "Shift"　　B. "Ctrl"　　C. "Tab"　　D. "Alt"

7. PowerPoint 中,插入幻灯片的操作可以在(　　)下进行。

A. 列举的三种视图方式　　B. 普通视图

C. 幻灯片浏览视图　　D. 大纲视图

8. PowerPoint 中,选一个自选图形,打开"格式"对话框,不能改变图形的(　　)。

A. 旋转角度　　B. 大小尺寸　　C. 内部颜色　　D. 形状

9. PowerPoint 2010 中,执行了插入新幻灯片的操作,被插入的幻灯片将出现在(　　)。

A. 当前幻灯片之前　　B. 当前幻灯片之后

C. 最前　　D. 最后

10. PowerPoint 2010 中没有的对齐方式是(　　)。

A. 两端对齐　　B. 分散对齐　　C. 右对齐　　D. 向上对齐

11. 下列哪一项不能在绘制的形状上添加文本,(　　),然后输入文本。

A. 在形状上右击,选择"编辑文字"命令

B. 使用"插入"选项卡中的"文本框"命令

C. 只要在该形状上单击

D. 单击该形状,然后按回车键

12. 在 PowerPoint 中,不属于文本占位符的是(　　)。

A. 标题　　B. 副标题　　C. 图表　　D. 普通文本框

13. PowerPoint 提供了多种(　　),它包含了相应的配色方案、母版和字体样式等,可供用户快速生成风格统一的演示文稿。

A. 版式　　B. 模板　　C. 母版　　D. 幻灯片

14. 演示文稿中每一张演示的单页称为(　　),它是演示文稿的核心。

A. 版式　　B. 模板　　C. 母版　　D. 幻灯片

15. 结束幻灯片放映,不可以使用(　　)操作。

A. 按“Esc”键

B. 按“End”键

C. 按“Alt+F4”键

D. 右击,在快捷菜单中选择“结束放映”命令

16. PowerPoint 2010 的视图包括(　　)。

A. 普通视图、大纲视图、幻灯片浏览视图、讲义视图

B. 普通视图、大纲视图、幻灯片视图、幻灯片浏览视图、幻灯片放映

C. 普通视图、大纲视图、幻灯片视图、幻灯片浏览视图、备注页视图

D. 普通视图、大纲视图、幻灯片视图、幻灯片浏览视图、文本视图

17. PowerPoint 应用程序是一个(　　)文件。

A. 文字处理　　B. 表格处理　　C. 图形处理　　D. 文稿演示

18. PowerPoint 的核心是(　　)。

A. 标题　　B. 版式　　C. 幻灯片　　D. 母版

19. 供演讲者查阅以及播放演示文稿时对各幻灯片加以说明的是(　　)。

A. 备注窗格　　B. 大纲窗格　　C. 幻灯片窗格　　D. 页面窗格

20. 在 PowerPoint 动画中,不可以设置(　　)。

A. 动画效果　　B. 时间和顺序　　C. 动作的循环播放　　D. 放映类型

21. 在幻灯片浏览中,可多次使用(　　)键+单击来选定多张幻灯片。

A. “Ctrl”　　B. “Alt”　　C. “Shift”　　D. “Tab”

22. 关闭 PowerPoint 时会提示是否要保存对 PowerPoint 的修改,如果需要保存该修改应选择(　　)。

A. 是　　B. 否　　C. 取消　　D. 不予理睬

23. 下列说法正确的是(　　)。

A. 通过背景命令只能为一张幻灯片添加背景

B. 通过背景命令能为所有幻灯片添加背景

C. 通过背景命令既可以为一张幻灯片添加背景也可以为所有添加背景

D. 以上说法都不对

24. 当新插入的剪贴画遮挡住原来的对象时,下列说法不正确的是(　　)。

A. 可以调整剪贴画的大小

B. 可以调整剪贴画的位置

C. 只能删除这个剪贴画,更换大小合适的剪贴画

D. 调整剪贴画的叠放次序,将被遮挡的对象提前

25. 在幻灯片中,若将已有的一幅图片放置在层次标题的背后,则正确的操作方法是:选中“图片”对象,单击“叠放次序”命令中的(　　)。

A. 置于顶层　　B. 置于底层

C. 置于文字上方　　D. 置于文字下方

26. 幻灯片之间的切换效果，通过(　　)选项卡中的命令来设置。

A. 设计　　B. 动画　　C. 幻灯片放映　　D. 幻灯片切换

27. 当一张幻灯片要建立超链接时，(　　)说法是错误的。

A. 可以链接到其他的幻灯片上

B. 可以链接到本页幻灯片上

C. 可以链接到其他演示文稿上

D. 不可以链接到其他演示文稿上

28. 用户要添加一张新幻灯片，并且要在该幻灯片上插入图片，应当选择以下哪种版式？(　　)

A. 空白　　B. 标题和内容　　C. 仅标题

29. 用户已经完成了演示文稿，想要运行拼写检查器，它位于功能区的什么位置？(　　)

A. "审阅"选项卡　　B. "开始"选项卡　　C. "幻灯片放映"选项卡

30. 将幻灯片中的全部图形"水平居中"，应按住哪个键？(　　)

A. 按住"Shift"键选取图形

B. 按住"Ctrl"键选取图形

C. 按住"Alt"键选取图形

31. PowerPoint 的"设计模版"包含(　　)。

A. 预定义的幻灯片版式

B. 预定义的幻灯片背景颜色

C. 预定义的幻灯片配色方案

D. 预定义的幻灯片样式和配色方案

32. 将演示文稿中所有幻灯片在放映时切换效果设置为"百叶窗"，选定所有幻灯片后，应使用哪个选项来实现？(　　)

A. 幻灯片放映→切换到此幻灯片→选择"百叶窗"

B. 视图→切换到此幻灯片→选择"百叶窗"

C. 文件→切换到此幻灯片→选择"百叶窗"

33. PowerPoint 的各种视图中，显示单个幻灯片以进行文本编辑的视图是(　　)。

A. 普通视图　　B. 浏览视图　　C. 放映视图　　D. 大纲视图

34. 下列属于应用软件的是(　　)。

A. PowerPoint　　B. 操作系统　　C. Windows　　D. DOS

35. 在 PowerPoint 中，下列说法错误的是(　　)。

A. PowerPoint 和 Word 文稿一样，也有页眉与页脚

B. 用大纲方式编辑设计幻灯片，可以使文稿层次分明、条理清晰

C. 幻灯片的版式是指视图的预览模式

D. 在幻灯片的播放过程中，可以用 Esc 键停止退出

36. 下面的选项中，不属于 PowerPoint 的窗口部分的是(　　)。

A. 幻灯片区　　B. 大纲区　　C. 备注区　　D. 播放区

37. 幻灯片中占位符的作用是(　　)。

A. 表示文本长度　　B. 限制插入对象的数量

C. 表示图形大小　　D. 为文本、图形预留位置

38. PowerPoint 窗口中,一般不属于选项卡的是(　　)。

A. 开始　　B. 视图　　C. 编辑　　D. 动画

39. 在 PowerPoint 中,超链接只有在下列(　　)中才能被激活。

A. 幻灯片视图　　B. 大纲视图

C. 幻灯片浏览视图　　D. 幻灯片放映视图

40. PowerPoint 是(　　)公司的产品。

A. IBM　　B. Microsoft　　C. 金山　　D. 联想

41. 在空白幻灯片中不可以直接插入(　　)。

A. 文本框　　B. 文字　　C. 艺术字　　D. Word 表格

42. PowerPoint 的"超级链接"命令的作用是(　　)。

A. 实现演示文稿幻灯片的移动

B. 中断幻灯片放映

C. 在演示文稿中插入幻灯片

D. 实现幻灯片内容的跳转

43. 若想将演示文稿放在另一台没有安装 PowerPoint 软件的计算机上放映,那么应该对演示文稿进行(　　)。

A. 复制　　B. 打包　　C. 移动　　D. 打印

44. 在 PowerPoint 编辑状态,要在幻灯片中添加符号★,应当使用哪种选项卡中的命令?(　　)

A. "文件"选项卡　　B. "设计"选项卡

C. "视图"选项卡　　D. "插入"选项卡

45. PowerPoint 中放映幻灯片的快捷键为(　　)。

A. F1　　B. F5　　C. F7　　D. F8

项目六　多媒体应用

1. 多媒体计算机系统的两大组成部分是(　　)。

A. 多媒体功能卡和多媒体主机

B. 多媒体通信软件和多媒体开发工具

C. 多媒体输入设备和多媒体输出设备

D. 多媒体计算机硬件系统和多媒体计算机软件系统

2. 多媒体信息不包括(　　)。

A. 文本、图形　　B. 音频、视频

C. 图象、动画　　D. 光盘、声卡

3. 如果要播放音频或视频光盘,(　　)不是需要安装的。

A. 网卡　　B. 播放软件　　C. 声卡　　D. 显卡

4. 多媒体计算机是指(　　)。

A. 能处理多种媒体的计算机

B. 能与多种电器连接的计算机

C. 具有多种外部设备的计算机

D. 借助多种媒体操作的计算机

5. 图像数据压缩的目的是为了(　　)。

A. 符合 ISO 标准　　B. 符合各国的电视制式

C. 图像编辑的方便　　D. 减少数据存储量,便于传输

6. 视频信息数字化存在的最大问题是(　　)。

A. 数据量大　　B. 设备昂贵　　C. 过程复杂　　D. 算法复杂

7. 计算机在存储波形声音之前,必须进行(　　)。

A. 压缩处理　　B. 解压缩处理

C. 模拟化处理　　D. 数字化处理

8. 计算机先要用(　　)把波形声音的模拟信号转换成数字信号再处理或存储。

A. A/D 转换器　　B. D/A 转换器

C. VCD　　D. DVD

9. 不能用来存储声音的文件格式是(　　)。

A. WAV　　B. TIFF　　C. MID　　D. MP3

10. 下面关于动画媒体元素的描述,说法不正确的是(　　)。

A. 动画也是一种活动影像

B. 动画只能逐幅绘制

C. 动画有二维和三维之分

D. SWF 格式文件可以保存动画

11. 下列设备,不能作为多媒体操作控制设备的是(　　)。

A. 鼠标器和键盘　　B. 操纵杆　　C. 触摸屏　　D. 摄像头

12. 采用工具软件不同,计算机动画文件的存储格式也就不同。(　　)不是计算机动画格式。

A. GIF 格式　　B. MIDI 格式　　C. SWF 格式　　D. MOV 格式

13. 根据多媒体的特性,可以断定(　　)属于多媒体的范畴。

A. 交互式视频游戏　　B. 彩色电视

C. 彩色画报　　D. 图书

14. 下列设备中,(　　)不是计算机多媒体常用的图像输入设备。

A. 数码相机　　B. 彩色扫描仪　　C. 多媒体键盘　　D. 彩色摄像机

15. 不属于计算机多媒体功能的是(　　)。

A. 收发电子邮件　　B. 播放电视

C. 播放音乐　　D. 播放视频

16. 多媒体技术能处理的对象包括字符、数值、声音和(　　)数据。

A. 图像　　B. 电压　　C. 磁盘　　D. 电流

17. 多媒体信息在计算机中的存储形式是(　　)。

A. 二进制数字信息　　B. 十进制数字信息

C. 八进制数字信息　　　　D. 模拟信号

18. 声卡是多媒体计算机处理(　　)主要设备。

A. 音频　　B. 动画　　C. 音频与视频　　D. 视频

19. 多媒体和电视的区别在于(　　)。

A. 有无声音　　B. 有无图像　　C. 有无动画　　D. 交互性

20. 能够处理各种文字、声音、图像和视频等多媒体信息的设备是(　　)。

A. 数码相机　　B. 扫描仪　　C. 多媒体计算机　　D. 电视机

21. 多媒体计算机中除了通常计算机的硬件外,还必须包括(　　)四个硬部件。

A. CD-ROM、音频卡、MODEM、音箱

B. CD-ROM、音频卡、视频卡、音箱

C. MODEM、音频卡、视频卡、音箱

D. CD-ROM、MODEM、视频卡、音箱

22. 下列设备中,多媒体计算机所特有的设备是(　　)。

A. 显示器　　B. 鼠标　　C. 键盘　　D. 视频卡

23. 下列说法正确的是(　　)。

A. 音频卡本身具有语音识别的功能

B. 文件压缩和磁盘压缩的功能相同

C. 多媒体计算机的主要特点是具有较强的音频、视频处理能力

D. 彩色图书属于多媒体的范畴

24. 下列文件哪个是音频文件?(　　)。

A. hero.mpeg　　B. hero.mp4　　C. hero.rm　　D. hero.mp3

25. 计算机声卡所起的作用是(　　)。

A. 数/模、模/数软件　　　　B. 图形转换

C. 压缩/解压缩　　　　D. 显示

项目七　信息检索与管理

1. 在信息检索技术中,算符 AND、OR、NOT 指的是哪一种信息检索技术方法(　　)。

A. 截词检索　　B. 位置检索　　C. 布尔检索　　D. 加权检索

2. 布尔逻辑算符构造的检索提问式“A-B”的检索结果是(　　)。

A. 只含有 A 的文献　　　　B. 不含 B 的文献

C. 同时含有 A 和 B 的文献　　　　D. 含有 A 而不含 B 的文献

3. 目前全球最大的中文搜索引擎是(　　)。

A. 谷歌　　B. 百度　　C. 雅虎　　D. 一搜

4. 搜索引擎按其工作方式分类不包括(　　)。

A. 全文搜索引擎　　　　B. 目录索引类搜索引擎

C. 集合式搜索引擎　　　　D. 元搜索引擎

5. 搜索引擎按其工作方式分类不包括(　　)。

A. 全文搜索引擎　　　　B. 目录索引类搜索引擎

C. 集合式搜索引擎　　　　　　　　D. 元搜索引擎

6.（　　）在接受用户查询请求时，同时在其他多个引擎上进行搜索，并将结果返回给用户。

A. 全文搜索引擎　　　　　　　　B. 目录索引类搜索引擎

C. 集合式搜索引擎　　　　　　　　D. 元搜索引擎

7. 在百度搜索结果中，（　　）是网页开始部分的摘要。

A. 网页标题　　B. 网页简介　　C. 相关搜索　　D. 百度快照

8. 在关键字前加“url:”，搜索引擎仅会查询（　　）。

A. 网站的网址　　B. 网站标题　　C. 网站内容　　D. 关键词

9. 不属于构成一篇完整规范的论文要素的是（　　）。

A. 摘要　　B. 关键词　　C. 个人简介　　D. 谢辞

10. 下列属于文献管理工具的是（　　）。

A. OneNote 和 NoteExpres　　　　B. EndNote 和 NoteExpres

C. OneNote 和 EndNote　　　　D. EverNote 和 EndNote

项目八　网页制作 Dreamweaver CS5

1. 在 HTML 中，下面是段落标签的是（　　）。

A. HTML…/HTML　　　　B. HEAD…/HEAD

C. BODY…/BODY　　　　D. P…/P

2. 在 Dreamweaver 中，下面关于拆分单元格说法错误的是（　　）。

A. 用鼠标将光标定位在要拆分的单元格中，在属性面板中单击“拆分单元格为行或列”按钮

B. 用鼠标将光标定位在要拆分的单元格中，在拆分单元格中选择行，表示水平拆分单元格

C. 用鼠标将光标定位在要拆分的单元格中，选择列，表示垂直拆分单元格

D. 拆分单元格只能是把一个单元格拆分成两个

3. 在 Dreamweaver 中，下面哪个标签为嵌入 QuickTime 格式视频文件的标签？（　　）

A. “embed”　　B. “body”　　C. “table”　　D. “object”

4. 在 Dreamweaver 中，有 8 种不同的垂直对齐图像的方式，要使图像的底部与文本的基线对齐要用哪种对齐方式（　　）。

A. 基线　　B. 绝对底部　　C. 底部　　D. 默认值

5. 在 Dreamweaver 中，下面关于使用列表说法错误的是（　　）。

A. 列表是指把具有相似特征或者是具有先后顺序的几行文字进行对齐排列

B. 列表分为有序列表和无序列表两种

C. 所谓有序列表，是指有明显的轻重或者先后顺序的项目

D. 不可以创建嵌套列表

6. 下面关于设计网站的结构的说法错误的是（　　）。

A. 按照模块功能的不同分别创建网页，将相关的网页放在一个文件夹中

B. 必要时应建立子文件夹

C. 尽量将图像和动画文件放在一个大文件夹中

D. 当地网站和远程网站最好不要使用相同的结构

7. 在 Dreamweaver 中,我们可以为链接设立目标,表示在新窗口打开网页的是(　　)。

A. _blank　　B. _parent　　C. _self　　D. _top

8. 在 Dreamweaver 中,下面关于排版表格属性的说法错误的是(　　)。

A. 可以设置宽度

B. 可以设置高度

C. 可以设置表格的背景颜色

D. 可以设置单元格之间的距离但是不能设置单元格内部的内容和单元格边框之间的距离

9. 在 Dreamweaver 中,在设置各分框架属性时,参数 Scroll 是用来设置什么属性的?(　　)

A. 是否进行颜色设置　　B. 是否出现滚动条

C. 是否设置边框宽度　　D. 是否使用默认边框宽度

10. 下面关于 New Style(新样式)对话框的说法错误的是(　　)。

A. 可以选择 Make Custom Style(自定义样式)

B. 可以选择 Redefine HTML Tag(HTML 标签样式)

C. 可以选择 Use CSS Selector(CSS 给定的选择用样式)

D. 在样式表中自定义的样式元素不可以在整个 HTML 中被调用

11. 下面关于将收藏夹中的资源添加和删除的说法正确的是(　　)。

A. 从收藏夹中的资源删去,就是物理删除

B. 对收藏夹中的资源进行改名,就是物理改名

C. 网站资源列表方式下资源的名称都是真实的物理文件名,不允许修改

D. 以上说法都错

12. 在 Dreamweaver 中,下面关于定义站点的说法错误的是(　　)。

A. 首先定义新站点,打开站点定义设置窗口

B. 在站点定义设置窗口的站点名称(Site Name)中填写网站的名称

C. 在站点设置窗口中,可以设置本地网站的保存路径,而不可以设置图片的保存路径

D. 本地站点的定义比较简单,基本上选择好目录就可以了

13. 如果要使用 Dreamweaver 面板组,需要通过如下的哪个菜单实现?(　　)

A. 文件　　B. 视图　　C. 插入　　D. 窗口

14. 要将已有文件添加到站点中,可以采用哪个操作?(　　)

A. 在站点地图中右击,选择“链接到已有文件”

B. 在本地视图中使用右键菜单的编辑命令

C. 使用文件菜单中打开命令

D. 使用编辑菜单中粘贴 HTML 命令

15. 默认情况下,Dreamweaver 会使用哪个 HTML 标签创建层?(　　)

A. Layer　　B. iLayer　　C. DIV　　D. Span

16. 精确定位网页中各个元素的位置的方法有(　　)。

A. 表格　　B. 层　　C. 表单　　D. 帧

17. 以下哪种方法无法实现在文档窗口中插入空格(　　)。

A. 在中文的全角状态下按空格键

B. 插入一个透明的图

C. 选择 Insert 菜单下的 None-breaking Space

D. Ctrl+Shift+空格键加入

18. 按住哪个键,在层面板中单击要选中的层的名称即可选中多个层(　　)。

A. Alt　　B. Ctrl　　C. Shift　　D. Space

19. 下列哪个特殊符号表示的是空格?(　　)

A. "　　B. 　　C. &　　D. ©

20. 禁止用户调整一个窗框大小的 HTML 代码是(　　)。

A. "frame resize"　　B. "frame nosize"

C. "frame noresize"　　D. "frame notresize"

21. 如果要使一个网站的风格统一并便于更新,在使用 CSS 文件的时候,最好是使用(　　)。

A. 外部链接样式表　　B. 内嵌式样式表

C. 局部应用样式表　　D. 以上三种都一样

22. 关于创建项目列表和编号列表的说法中错误的是(　　)。

A. 在"文档"窗口中键入时,可以用现有文本或新文本创建编号(排序)列表、项目符号(不排序)列表和定义列表

B. 定义列表不使用项目符号点或数字这样的前导字符,通常用在词汇表或说明中

C. 列表不可以嵌套

D. 嵌套列表是包含其他列表的列表

23. <img src="name" align="left">的意思是(　　)。

A. 图像向左对齐　　B. 图像向右对齐

C. 图像与底部对齐　　D. 图像与顶部对齐

24. 下面关于设置文本域的属性说法错误的是(　　)。

A. 单行文本域只能输入单行的文本

B. 通过设置可以控制单行域的高度

C. 通过设置可以控制输入单行域的最长字符数

D. 口令域的主要特点是不在表单中显示具体输入内容,而是用 * 来替代显示

25. CSS 的全称(　　)。

A. Cascading Sheet Style　　B. Cascading System Sheet

C. Cascading Style Sheet　　D. Cascading Style System

模块四　模拟试题集

模拟试题(一)

一、单选题(每小题1分,共15小题,共15分)

1. 如果要播放音频或视频光盘,不需要安装(　　)。

A. 声卡　　B. 显卡　　C. 播放软件　　D. 网卡

2. 计算机的应用领域可大致分为6个方面,下列选项中属于计算机应用领域的是(　　)。

A. 现代教育、操作系统、人工智能　　B. 科学计算、数据结构、文字处理

C. 过程控制、科学计算、信息处理　　D. 信息处理、人工智能、文字处理

3. 计算机病毒主要造成(　　)。

A. 磁盘片的损坏　　B. 磁盘驱动器的破坏

C. CPU的破坏　　D. 程序和数据的破坏

4. 显示器主要参数之一是分辨率,其含义是(　　)。

A. 可显示的颜色总数

B. 显示屏幕光栅的列数和行数

C. 在同一幅画面上所显示的字符数

D. 显示器分辨率是指显示器水平方向和垂直方向显示的像素点数

5. 人们根据特定的需要,预先为计算机编制的指令序列称为(　　)。

A. 软件　　B. 文件　　C. 集合　　D. 程序

6. 下列关于Windows菜单的说法中,不正确的是(　　)。

A. 命令前有"·"记号的菜单选项,表示该项已经选用

B. 当鼠标指向带有向右黑色等边三角形符号的菜单选项时,弹出一个子菜单

C. 带省略号(…)的菜单选项执行后会打开一个对话框

D. 用灰色字符显示的菜单选项表示相应的程序被破坏

7. 在Windows中,下列不能进行文件夹重命名操作的是(　　)。

A. 选定文件后再按F4键

B. 选定文件后再单击文件名一次

C. 右击文件,在弹出的快捷菜单中选择"重命名"命令

D. 用"资源管理器"/"文件"下拉菜单中的"重命名"命令

8. 在Word中,如果要插入页眉和页脚,首先要切换到(　　)视图方式下。

A. 大纲　　B. 草稿　　C. 页面　　D. 阅读版式

9. 在Word中,(　　)的作用是能在屏幕上显示所有文本内容。

A. 滚动条　　B. 控制框　　C. 标尺　　D. 最大化按钮

10. 在 Word 中，关于打印预览，下列说法错误的是(　　)。

A. 在正常的页面视图下，可以调整视图的显示比例，也可以很清楚地看到该页中的文本排列情况

B. 单击自定义快速访问工具栏上的“打印预览”按钮，进入预览状态

C. 选择“文件”菜单中的“打印预览”命令，可以进入打印预览状态

D. 在打印预览时不可以确定预览的页数

11. 下列操作中，不能在 Excel 工作表的选定单元格中输入公式的是(　　)。

A. 单击编辑栏中的“插入函数”按钮

B. 单击“公式”选项卡中的“插入函数”命令

C. 单击“插入”选项卡中的“对象”命令

D. 直接在编辑栏中输入公式或函数

12. 当向 Excel 工作表单元格输入公式时，使用单元格地址 D$2 引用 D 列 2 行单元格，该单元格的引用称为(　　)。

A. 交叉地址引用　　B. 混合地址引用

C. 相对地址引用　　D. 绝对地址引用

13. 如要终止幻灯片的放映，可直接按(　　)键。

A. “Ctrl+C”　　B. “Esc”　　C. “End”　　D. “Alt+F4”

14. 电子邮件地址的一般格式为(　　)。

A. 用户名@域名　　B. 域名@用户名　　C. IP 地址@域名　　D. 域名@IP 地址

15. FTP 协议是一种用于(　　)的协议。

A. 网际互联　　B. 传输文件

C. 提高计算机速度　　D. 提高网络传输速度

二、Windows 操作题(每小题 2.5 分，共 6 小题，共 15 分)

1. 请在“E:\模拟试题(一)\Windows\CREAT\beset”目录中建立名为“track”的文件夹。

2. 请将“E:\模拟试题(一)\Windows” 目录中扩展名为.B 的文件复制到“E:\模拟试题(一)\Windows\REPEAT\COPY”文件夹中。

3. 请将“E:\模拟试题(一)\Windows\SPEED”目录中的 quick.gif 文件，在“E:\模拟试题(一)\Windows” 文件夹中创建名为 tie 的快捷方式。

4. 请删除“E:\模拟试题(一)\Windows\RID\DETE”目录中的 WIPE.BMP 文件。

5. 请将“E:\模拟试题(一)\Windows\TIME”目录中的 VIRTUAL.TXT 文件移动到“E:\模拟试题(一)\Windows\TIME\DATE”文件夹。

6. 请将“E:\模拟试题(一)\Windows\RENAME”目录中的 SPRING.TXT 文件的属性修改为只读。

三、Word 操作题(共 6 小题，共 26 小题)

1. 请打开 E:\模拟试题(一)\Word\101.docx 文档，完成以下操作(注：文本中每一回车符作为一段落，没有要求操作的项目请不要更改)。(4 分)

(1) 设置该文档纸张的奇、偶页采用不同的页眉、页脚，首页也不同。

(2) 页眉边距为 50 磅，页脚边距为 30 磅。

(3) 页面垂直对齐方式为居中，添加起始编号为 2 的行号，设置页面边框为绿色(自定

义颜色为：红色 0，绿色 255，蓝色 0）双细实线的阴影边框；保存文件。

2. 请打开 E:\模拟试题(一)\Word\102.docx 文档，完成以下操作（注：文本中每一回车符作为一段落，没有要求操作的项目请不要更改）。（4 分）

(1) 在文档的标题“桑葚-概述”文字后插入尾注：内容“又名桑果、桑枣”，位置“节的结尾”。

(2) 在文档中正文第四段后插入批注：“南疆的情况”；保存文件。

3. 请打开 E:\模拟试题(一)\Word\103.docx 文档，完成以下操作（注：文本中每一回车符作为一段落，没有要求操作的项目请不要更改）。（4 分）

(1) 对该文档的项目符号和编号格式进行设置（如图 4-1 所示）。自定义多级列表，编号格式级别 1 的编号样式：A，B，C，…，编号对齐位置：1 厘米；编号格式级别 2 的编号样式：1，2，3，…，编号对齐位置：1.75 厘米。

(2) 保存文件。

A. 补血养颜——归圆炖鸡肉

1. 用料：鸡肉 150 克、当归 30 克、桂圆肉 100 克。

2. 制法：将归、圆、鸡肉洗净，鸡肉切片，放入锅中，文火炖 3 小时，调味服食，

3. 功效：适用于血虚诸症，症见肌肤不泽、面部色素斑沉着，皮肤干燥无华或心悸失眠，头晕目眩，形瘦体弱或产后虚弱诸症。

B. 美容护肤——黑木耳红枣瘦肉汤

1. 用料：黑木耳 30 克，大红枣 20 枚，瘦猪肉 300 克。

2. 制法：将黑木耳、红枣（去核）浸开、洗净，文火炖开后调入瘦肉。煲至肉熟，服食。

3. 功效：适用于气虚血淤诸症，症见面部色斑，面色萎黄，暗黑。

4. 黑木耳能凉血止血，健脾润肺，滑肠解毒；红枣健脾益气，滋润肌肤；瘦肉益气养血，健脾补肺，三者合用，共奏洁肤去斑，美容护肤之功。

图 4-1　添加项目符号和编号后的结果

4. 请打开 E:\模拟试题(一)\Word\104.docx 文档，完成以下操作（注：文本中每一回车符作为一段落，没有要求操作的项目请不要更改）。（4 分）

(1) 在文档最后一段按如图 4-2 所示插入基本棱锥图，更改其颜色为彩色-强调文字颜色。

(2) 保存文件。

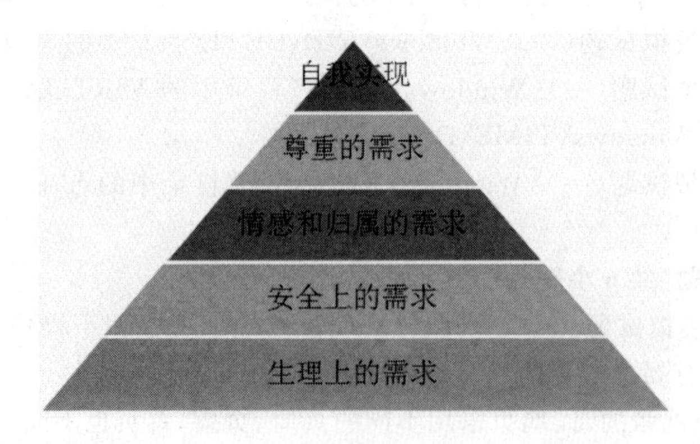

图 4-2　基本棱锥图

5. 以下文档均保存到 E:\模拟试题(一)\Word\105.docx 目录内，完成以下操作。(5 分)

(1) 105.docx 文档有一学生成绩单表格，利用该表格作为数据源进行邮件合并；新创建一个 Word 主文档，输入："同学，你的面试成绩为，我们的考核，感谢您的支持。"等内容，文字大小为：小四号，主文档采用信函类型，主文档先保存为 107.xml 格式文件，按如图 4-3 所示在主文档中插入域，所有记录合并到新文档后再保存为 108.docx 文档，合并到新文档后第一页文档内容如图 4-4 所示。

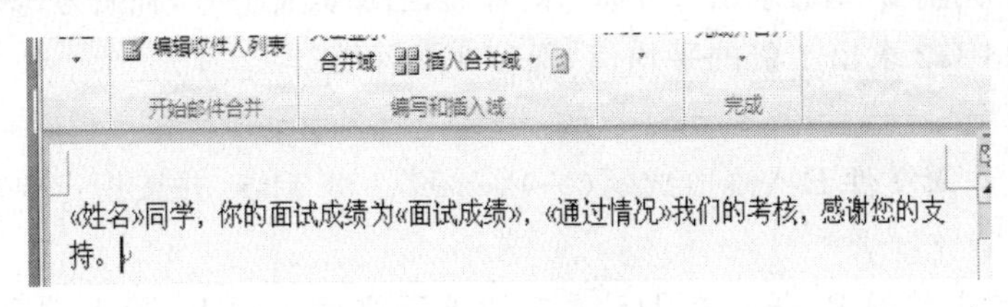

图 4-3　在主文档插入域

图 4-4　合并后第一页文档

(2) 保存文件。

6. 打开 E:\模拟试题(一)\Word\106.docx 文档，完成以下操作(没有要求的项目请不要更改)。(5 分)

(1) 计算每位学生的总分以及每个科目的平均分(学生总分计算公式使用 LEFT 关键字；平均分计算公式使用 ABOVE 关键字，不使用公式不得分)。

(2) 整个表格套用列表型 8 的表格样式，且单元格设置水平居中及垂直居中排列；保存文件。设置后的表格如图 4-5 所示。

姓名	班级	语文	数学	总分
申国栋	一班	78	76	154
肖静	二班	76	58	134
李柱	二班	89	89	178
李光华	一班	96	78	174
陈昌兴	二班	77	88	165
吴浩权	一班	88	60	148
平均分		84	74.83	

图 4-5　学生成绩表表格设置结果

四、Excel 操作题(共 5 小题，共 22 分)

1. 请打开工作簿文件 E:\模拟试题(一)\excel\101.xlsx，完成以下操作。(4 分)

(1) 请对"库存表"的"成绩"列 D4:D19 单元格区域按不同的条件设置显示格式，其中分数在 60 以下的(不含 60),采用粗体、单下画线、标准色红色字体,并加上标准色绿色外边框;对于分数在 85 到 100(含 85、100)之间的,采用自定义颜色为:红色 255,绿色 102,蓝色 255 的文字,并加上“细 对角线 条纹”的图案。

(2) 保存文件。

2. 请打开工作簿文件 E:\模拟试题(一)\excel\102. xlsx,完成以下操作。(4 分)

(1) 在“补贴”列用 IF 函数求出每位职工的补贴,当加班大于 75,补贴为 500,否则为 300。

(2) 在单元格 H2 求出工资的平均值,保留 1 位小数。

(3) 保存文件。

3. 请打开工作簿文件 E:\模拟试题(一)\excel\103. xlsx,并按指定要求完成有关的操作。(4 分)

(1) 使用图表中数据 B3:E6,在 H8 为起始单元格插入图表,图表类型为三维柱形图,图表为布局 2,横坐标轴下方标题为电影制片厂,图表标题为各制片厂电影产量,在左侧显示图例。

(2) 保存文件。

4. 请打开 E:\模拟试题(一)\excel\104. xlsx 工作簿,完成以下操作。(5 分)

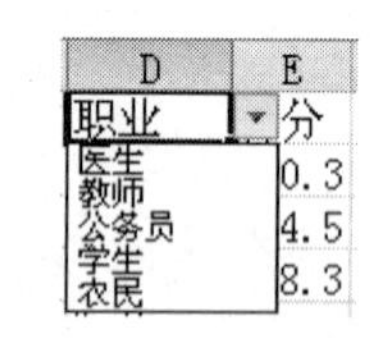

图 4-6　列表选择项

(1) 对工作表进行设置,当用户选中“职业”列的任一单元格时,在其右则显示一个下拉列表框箭头,并提供“医生”、“教师”、“公务员”、“学生”和“农民“的选择项供用户选择(如图 4-6 所示)。

(2) 当选中“得分”列的任一单元格时,显示“请输入 60-100 的有效分数”,其标题为“得分”,当用户输入某一得分值时,即进行检查,如果所输入的得分不在指定的范围内,错误信息提示“得分必须在 60-100 之间”,“停止”样式,同时标题为“得分非法”。以上单元格均忽略空值。

(3) 保存文件。

5. 请打开 E:\模拟试题(一)\excel\105. xlsx 工作簿,完成以下操作。(5 分)

在工作表 Sheet1 中用高级筛选将“价格”低于(不含)10 000、品牌为“组装”的记录筛选出来,复制到以 A30 单元格为左上角的输出区域,条件区是以 H1 单元格为左上角的区域,完成后以原文件名保存。

五、PowerPoint 操作题(共 4 小题,共 15 分)

1. 建立一个空白演示文稿,并以“米兰世博会”为文件名保存到 E:\模拟试题(一)\PowerPoint 文件夹中。(2 分)

2. 插入第一张幻灯片。“标题”版式;主标题内容为“喜迎 2015 年世界博览会”,字体格式为华文琥珀、52 号、加粗、标准色红色;副标题内容:“——意大利米兰”,右对齐,字体格式为华文隶书、40 号、加粗、黑色;将 E:\模拟试题(一)\PowerPoint 文件夹中的会徽. jpg 文件插入到副标题的前面。(5 分)

3. 插入第二张幻灯片。“两栏内容”版式;在标题中插入文本“2015 年世博会的主题——滋养地球,生命的能源”,设置字体格式为华文彩云、42 号、加粗、标准色绿色;文字动画效果设置:放大/缩小;在幻灯片左侧栏输入内容“意大利米兰选择‘滋养地球,为生命加

油'作为2015年世博会的主题。追求食品防御安全(好的食物和好的水源)与食品安全(有足够的食物和饮料)这两大目标是一种教育人们关注可持续发展基本原则的方法。因此2015年世博会所选择的主题不仅有助于人类生活水平的提高,而且对于人力资本的发展也有积极作用。";在幻灯片右侧栏中插入E:\模拟试题(一)\PowerPoint文件夹中的米兰世博会.jpg文件,调整图片到合适大小。(5分)

4. 将两张幻灯片的背景填充为预设颜色"茵茵绿原";幻灯片的切换方式设置为"分割",效果为"中央向左右展开",声音为"鼓掌"。(3分)

幻灯片样张如图4-7和图4-8所示。

图4-7　第一张幻灯片

图4-8　第二张幻灯片

六、网络操作题(共2小题,共7分)

1. 请登录到"动物频道"网站,网站中有一个免费的邮箱申请服务,该网站的地址是202.116.44.67:80/406/main.htm,请向该网站申请一个免费的邮箱,申请时请使用用户名:sports,密码:golf,身份证号:使用自己的考试证号。(4分)

2. 请登录上"地理频道"网站,地址是202.116.44.67:80/404/main.htm,利用该网站的搜索引擎,搜索名称为"季风气候"的网页,将文章中标识为图1的图片,下载到E:\模拟试题(一)\Windows,保存文件名为:linfeng,文件格式为jpg。(3分)

模拟试题(二)

请将教师提供的模拟试题(二)复制到E盘根目录,按下列要求完成各题作答。

一、单选题(每小题1分,共15小题,共15分)

1. 在Excel工作表中,已知D2单元格的内容为=B2*C2,当D2单元格被复制到E3单元格时,E3单元格的内容为(　　)。

A. =C3*D3　　B. =B3*C3　　C. =B2*C2　　D. =C2*D2

2. 在Windows中,打开"开始"菜单的快捷键是(　　)。

A. "Shift"+"Esc"　　B. "Ctrl"+"Esc"

C. "Alt"+"Ctrl"　　D. "Alt"+"Esc"

3. 在Word文档中输入复杂的数学公式,执行(　　)命令。

A. "格式"选项卡中的样式　　B. "表格"选项卡中的公式

C. “插入”选项卡中的数字　　　　　　　D. “插入”选项卡中的对象

4. 分辨率是显示器的主要参数指标，其含义是(　　)。

A. 在同一幅画面上显示的字符数

B. 可显示的颜色总数

C. 显示器分辨率是指显示器水平方向和垂直方向显示的像素点数

D. 显示屏幕光栅的列数和行数

5. 把硬盘上的数据传送到计算机的内存中去，称为(　　)。

A. 打印　　B. 读盘　　C. 写盘　　D. 输出

6. 在下列选项中，关于域名书写正确的一项是(　　)。

A. gdoa. edu. cn　　B. gdoa，edu. cn　　C. gdoa. edu，cn　　D. gdoa，edu，cn

7. 下列关于 Windows 菜单的说法中，不正确的是(　　)。

A. 命令前有“·”记号的菜单选项，表示该项已经选用

B. 当鼠标指向带有向右黑色等边三角形符号的菜单选项时，弹出一个子菜单

C. 用灰色字符显示的菜单选项表示相应的程序被破坏

D. 带省略号(…)的菜单选项执行后会打开一个对话框

8. 为了解决 IP 数字地址难以记忆的问题，引入了域名服务系统(　　)。

A. DNS　　B. PNS　　C. SNS　　D. MNS

9. Excel 函数中各参数之间的分隔符号是(　　)。

A. 逗号　　B. 句号　　C. 空格　　D. 分号

10. 在 IPv4 中，(　　)类 IP 地址的前 16 位表示的是网络号，后 16 位表示的是主机号。

A. A 类地址　　B. C 类地址　　C. B 类地址　　D. D 类地址

11. 关于电子邮件，下列说法中错误的是(　　)。

A. 发件人必须有自己的 E-mail 账号　　B. 发送电子邮件需要 E-mail 软件支持

C. 必须知道收件人的 E-mail 地址　　D. 收件人必须有自己的邮政编码

12. Windows 将整个计算机显示屏幕看作是(　　)。

A. 窗口　　B. 背景　　C. 工作台　　D. 桌面

13. 下列选项与十六进制数 AB 等值的十进制数是(　　)。

A. 170　　B. 173　　C. 171　　D. 17

14. 下列选项中关于工作表与工作簿的论述正确的是(　　)。

A. 一张工作表保存在一个文件中

B. 一个工作簿保存在一个文件中

C. 一个工作簿的多张工作表类型相同，或同是数据表，或同是图表

D. 一个工作簿中一定有 3 张工作表

15. 在微机中，1GB 准确等于(　　)。

A. 1 024×1 024 KB　　　　B. 1 000×1 000 MB

C. 1 024×1 024 B　　　　D. 1 000×1 000 TB

二、Windows 操作题(每小题 2.5 分，共 6 小题，共 15 分)

1. 请将位于“E:\模拟试题(二)\Windows\JINAN”中的文件“qi. bmp”创建快捷方式图标，取名为“TEMPLATE”，保存在“E:\模拟试题(二)\Windows\TESTDIR”文件夹中。

2. 请将位于“E:\模拟试题(二)\Windows\DO\BIG1”中的.doc文件复制到目录“E:\模拟试题(二)\Windows\DO\BIG2”中。

3. 请在“E:\模拟试题(二)\Windows”目录下搜索(查找)文件夹“SEEN3”,查找到后将其删除。

4. 请将位于“E:\模拟试题(二)\Windows\DO\DO1”中的文件“JIAN.DOC”移动到“E:\模拟试题(二)\Windows \DO\DO2”中。

5. 请在“E:\模拟试题(二)\Windows”目录下搜索(查找)文件夹“SAW”,并将其重命名为“SAWA”。

6. 试用Windows的“记事本”创建文件名为“2016年里约热内卢奥运会”的文本文件,存放在E:\模拟试题(二)\Windows \MON文件夹中,文件类型为TXT,文件内容如下(内容不含空格或空行):2016年夏季奥运会主办地-巴西里约热内卢。

三、Word操作题(共6题,共26分)

1. 请打开E:\模拟试题(二)\Word\201.docx,完成以下操作。(4分)

(1) 在标题“新世纪羊城八景”后插入脚注,位置为页面底端;编号格式为1,2,3,……,起始编号为1;内容为“广州城市的新形象”。

(2) 将文中所有“越秀”一词格式化为蓝色,加金色双波浪线;保存文件。

2. 请打开E:\模拟试题(二)\Word\202.docx文档,完成以下操作(文本中每一回车符作为一段落,其余没有要求的项目请不要更改)。(4分)

(1) 在文档中新建一个样式名为“闪烁”的样式,该样式格式为文字格式中的闪烁背景效果,样式基于正文,并将文档第二段落套用该样式。

(2) 删除一个样式名为“页眉”的样式;保存文件。

3. 请打开E:\模拟试题(二)\Word\203.docx文档,完成以下操作(其余没有要求的项目请不要更改)。(5分)

(1) 在文档第8段下面插入一个5行7列的表格(如图4-9所示),按表格格式进行设置并输入表格内容。

姓名		性别		出生年月		
地址						
	邮政编码		电子邮件			
	电话		传真			
应聘职位						

图4-9

(2) 在表格第7列空白位置插入一幅图片,图片来自E:模拟试题(二)\Word\picture\tan2.JPG。

(3) 表格文字及空白单元格格式均设置为水平居中、垂直对齐方式居中;表格尺寸指定宽度14厘米,表格对齐方式为:水平位置居中。

4. 请打开E:\模拟试题(二)\Word\204.docx文档,完成以下操作(文本中每一回车符作为一段落,其余没有要求的项目请不要更改,请不要移动箭头图形的位置)。(4分)

(1) 设置文档第1段格式为:隶书、红色、加粗、小二号字,居中对齐,3倍行距,给“华商学院6周年庆文艺晚会”添加蓝色、单下画线。(文字内容包括双引号)

(2) 箭头自选图形设置为：填充鲜绿色、半透明(透明度为50%)、高度3厘米、宽度20厘米，箭头图形内添加文字：中央图书馆方向，三号字、加粗、居中对齐。

(3) 页面方向设置为横向。

5. 请打开E:\模拟试题(二)\Word\205.docx文档，完成以下操作。(4分)

(1) 在文档第二段后面插入一幅图片，图片来自E:\模拟试题(二)\Word\picture\tan1.jpg；图片格式设置：图片高度为2.99厘米，宽度为3.88厘米，取消锁定纵横比，文字环绕方式为上下型，水平对齐方式为居中，图片的垂直对齐方式为绝对位置在段落下侧2.5厘米。

(2) 在图片下面插入一个横排文本框并输入文字"世界上最长的轿车"，字体为紫罗兰、字号为小五、文字排列居中、无边框，文字环绕方式上下型。

(3) 将第三段分成带分隔线、相等栏宽的三栏。

(4) 将文档第一段首字下沉3行，字体为隶书，距正文1厘米；保存文件。

6. 请打开E:\模拟试题(二)\Word\206.docx文档，完成以下操作(注：文本中每一回车符作为一段落，没有要求操作的项目请不要更改)。(5分)

(1) 将第一段内容为"企业集团"的文字，设置中文版式为"双行合一"。

(2) 在文字为"浙江省省级救灾备荒种子储备库"后插入一个组织结构图(如图4-10所示)，全部文字段落设置为左对齐，根据图例设计组织结构图。

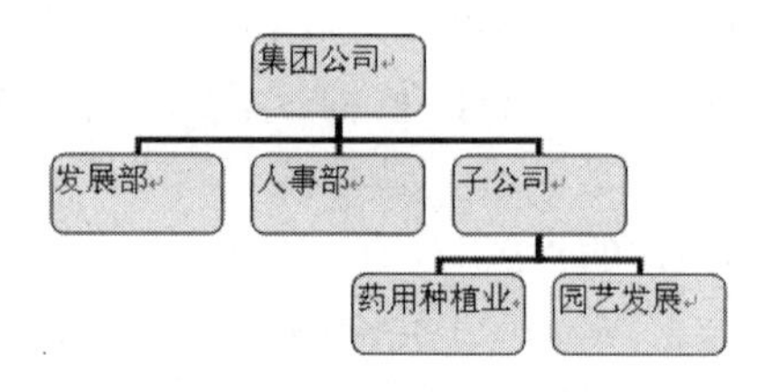

图4-10

(3) 将第四段内容为"荣誉"的文字设置底纹颜色为浅青绿，四周线型为单波浪线边框。

(4) 在文档最后一段处插入文件，文件路径为"E:\模拟试题(二)\Word\picture\honor.txt"。

(5) 将新插入的段落设置项目符号和编号：设置为"项目符号"选项卡中的符号字符"◆"(该符号字符在字符项目中字体为Wingdings，字符代码为117)；保存文件。

四、Excel操作题(共5题，共22分)

1. 请打开E:\模拟试题(二)\Excel\201.xlsx工作簿，完成以下的操作。(4分)

(1) 把A1单元格内容设置为红色加粗，字体为楷体_GB2312，字号16，有删除线；把A2:G2的单元格内容设置为橙色加粗倾斜，字体为隶书，字号为14，双下画线。

(2) 设置G3:G9单元格区域底纹为黄色，图案为"12.5%灰色"，图案颜色为蓝色；保存文件。

2. 请打开工作簿文件E:\模拟试题(二)\Excel\202.xlsx，完成以下的操作。(4分)

(1) 工作表"赛跑成绩表"为班级一次马拉松赛跑的成绩表，在C2:E8区域统计出学生的小时数、分钟数和秒数(提示：必须使用时间函数计算)。

(2) 在F2:F8区域统计出名次(提示：使用Rank函数统计，使用的时间数越少名次越前)；保存文件。

3. 请打开E:\模拟试题(二)\Excel\203.xlsx工作簿，采用高级筛选从"Sheet1"工作表中

筛选出所有男副处长的职工记录，条件区域放在 L2 开始的区域中，并把筛选出来的记录保存到 Sheet1 工作表的 A18 开始的区域中(条件顺序为：1. 性别，2. 职务)；保存文件。(5 分)

4. 请打开 E:\模拟试题(二)\Excel\204. xlsx 工作簿，利用"工资表"工作表作为数据源创建数据透视表，以反映不同职称的最高基本工资情况，将"职称"设置为行字段；把所创建的透视表放在当前工作表的 D12 开始的区域中，并命名为"职位最高工资"，取消列总计；保存文件。(5 分)

5. 请打开 E:\模拟试题(二)\Excel\205. xlsx 工作簿，用分类汇总的方法统计出科技、文学、政治类书籍的总印数和总平均印数(要求将结果显示在同一汇总表上)；保存文件。(4 分)

五、PowerPoint 操作题(共 2 题，共 15 分)

1. 请打开演示文稿 E:\ 模拟试题(二)\PowerPoint\201. pptx，完成以下操作。(8 分)

(1) 在演示文稿最后面插入一张版式为"空白"的幻灯片。

(2) 第二张幻灯片的标题框设置为黑体、54 磅、加粗、白色(请使用自定义标签中的红色 255，绿色 255，蓝色 255)。

(3) 设置幻灯片切换效果为随机水平线条，每隔 10 秒钟换片，应用于所有的幻灯片中；保存文件。

2. 请打开演示文稿 E:\模拟试题(二)\PowerPoint\202. pptx，完成以下操作(注意：没有要求操作的项目请不要更改)。(7 分)

(1) 将第二张幻灯片的图像部分动画效果设置为从右侧缓慢进入。

(2) 将放映选项设置为循环放映，按"Esc"键终止；保存文件。

六、网络题(共 2 题，共 7 分)

1. 在 E:\模拟试题(二)\Windows 文件夹下有一名称为 internet. pptx 的文件，请把该文件上传到"××互联网"网站的 user/lw/doc 文件夹中，网站地址是 202. 116. 44. 67，登录时请使用自己的考号作为登录用户名和密码。(4 分)

2. 请登录上"宋词网"网站，地址是 202. 116. 44. 67:80/387/webpage. htm，利用该网站的搜索引擎，搜索名称为"千年史册耻无名"的网页，将其下载到 E:\模拟试题(二)\Windows 文件夹，保存时文件名为 Emperor，格式为 HTML。(3 分)

模拟试题(三)

请将教师提供的模拟试题(三)复制到 E 盘根目录，按下列要求完成各题作答。

一、单选题(每小题 1 分，共 15 小题，共 15 分)

1. 在 Excel 中，下列( )是输入正确的公式形式。

A. <a2 * b3+1　　B. =6/4　　C. ='b6+b2　　D. = =max(c1:c2)

2. 删除 Windows 桌面上某个应用程序的图标，意味着( )。

A. 该应用程序连同其图标一起被隐藏

B. 只删除了该应用程序，对应的图标被隐藏

C. 该应用程序连同其图标一起被删除

D. 只删除了图标，对应的应用程序被保留

3. 在 Windows 中的“任务栏”上显示的是(　　)。

A. 系统禁止运行的程序　　B. 系统后台运行的程序

C. 系统前台运行的程序　　D. 系统正在运行的所有程序

4. 在 Windows 中,若要将当前窗口复制到剪贴板中,可以按(　　)组合键。

A. “Alt+PrintScreen”　　B. “Crtl+PrintScreen”

C. “Shift+PrintScreen”　　D. “PrintScreen”

5. 回收站中的文件(　　)。

A. 只能清除　　B. 可以复制　　C. 可以直接打开　　D. 可以还原

6. 在 Excel 中,使用“高级筛选”命令前,用户需要根据要求建立条件区域,以便筛选出符合条件的记录;如果要对于不同的列指定一系列不同的条件,则所有的条件应在条件区域的(　　)输入。

A. 同一行中　　B. 不同的行中　　C. 同一列中　　D. 不同的列中

7. 计算机病毒是指(　　)。

A. 带细菌的磁盘　　B. 已损坏的

C. 具有破坏性的特制程序　　D. 被破坏的程序

8. Internet 实现了分布在世界各地的各类网络的互联,其最基础和核心的协议是(　　)。

A. TCP/IP　　B. HTML　　C. FTP　　D. HTTP

9. 在 Word 文本编辑区中有一个闪烁的粗竖线,它是(　　)。

A. 段落分隔符　　B. 鼠标光标　　C. 分节符　　D. 插入点

10. 在 Word 中,下列关于标尺的叙述,错误的是(　　)。

A. 平标尺的作用是缩进全文或插入点所在的段落、调整页面的左右边距、改变表的宽度、设置制表符的位置等

B. 垂直标尺的作用是缩进全文、改变页面的上、下宽度

C. 利用标尺可以对光标进行精确定位

D. 标尺分为水平标尺和垂直标尺

11. 对于演示文稿中不准备放映的幻灯片可以用(　　)选项卡中的“隐藏幻灯片”按钮隐藏。

A. 编辑　　B. 工具　　C. 视图　　D. 幻灯片放映

12. 在 IPv6 中,IP 地址是一个分 4 段、每段 32 位的(　　)位二进制数。

A. 32　　B. 64　　C. 128　　D. 16

13. 在 Word 中,(　　)用于控制文档在屏幕上的显示大小。

A. 页面显示　　B. 全屏显示　　C. 显示比例　　D. 缩放显示

14. 八进制整数 267 化为二进制数是(　　)。

A. 11000100　　B. 10101000　　C. 10110111　　D. 11100100

15. 域名是 Internet 服务提供商(ISP)的计算机名,域名中的后缀.edu 表示机构所属类型为(　　)。

A. 军事机构　　B. 政府机构　　C. 教育机构　　D. 商业公司

二、Windows 操作题(每小题 2.5 分,共 6 小题,共 15 分)

1. 试用 Windows 的“记事本”创建文件 YAYUN,存放在 E:\模拟试题(三)\Windows\DO 文件夹中,文件类型为 TXT,文件内容如下(内容不含空格或空行):“恭贺伦敦奥运会中国运动健儿取得好成绩!”。

2. 请将位于“E:\模拟试题(三)\Windows\TESTDIR”上的文件“ADVADU. HTR”复制到目录“E:\模拟试题(三)\Windows\ITS95PC”中。

3. 请在“E:\模拟试题(三)\Windows”目录下搜索(查找)文件“MYGUANG. TXT”,并把该文件的属性改为“隐藏”,取消其他属性。

4. 请将“E:\模拟试题(三)\Windows\HOT\HOT1\W\X\Y”目录下的文件“MY-BOOK5. TXT”文件删除。

5. 请将位于“E:\模拟试题(三)\Windows\JINAN”中的 TXT 文件移动到目录“E:\模拟试题(三)\Windows\TESTDIR”中。

6. 请在“E:\模拟试题(三)\Windows”目录下搜索(查找)文件夹“DID3”并将其重命名为“DMB”。

三、Word 操作题(共 6 题,共 26 分)

1. 请打开 E:\模拟试题(三)\Word\301. docx 文档,完成以下操作(其余没有要求的项目请不要更改,标点符号为全角符号)。(4 分)

新建一个 7 行 4 列的表格;参照样张(如图 4-11 所示)绘制斜线表头并输入表格内容(所有内容均为宋体、五号字,水平、垂直对齐方式居中)。

时间 / 车次	运行区间	始发时间	到达时间
D737	广州至深圳	6：32	7：72
D738	深圳至广州	7：47	8：59
D739	广州至深圳	9：18	10：31
D740	深圳至广州	10：47	11：59
D741	广州至深圳	12：15	13：28
D742	深圳至广州	13：50	14：50

图 4-11　样张

2. 请打开 E:\模拟试题(三)\Word\302. docx 文档,完成以下操作。(4 分)

(1) 在文档的第三段插入一竖排文本框并输入文字“埃及古金字塔”。

(2) 文本框格式设置:底纹填充色茶色、绿色线条,文本框高度为 2.75 厘米、宽度为 1 厘米,文本框水平对齐方式为相对于栏居中,垂直对齐方式为绝对位置在段落下侧 1 厘米,文字环绕方式为四周型;保存文档。

3. 请打开 E:\模拟试题(三)\Word\303. docx 文档,完成以下操作(其余没有要求的项目请不要更改)。(5 分)

(1) 设置文档中的图片格式,图片大小缩放比的高度、宽度均为 140%;文字环绕方式为四周型,水平对齐方式为右对齐,环绕文字为只在左侧。

(2) 设置页眉文字:福建乌龙茶,文字对齐:居中;页脚文字:溢香沁腑,文字对齐:居中。

(3) 设置页面版式边框,宽度为 20 磅,艺术型为 5 棵圣诞绿树(如图 4-12 所示)。

图 4-12

4. 请打开 E:\模拟试题(三)\Word\304. docx 文档,完成以下操作(注:不能单击不需要操作的对象否则会影响图片的排列次序,设置完成后的图形请不要再单击设置,文本中每一回车符作为一段落)。(5 分)

(1) 将第一段的文字内容改为“毕业论文写作流程”。

(2) 将名称为“标题样式”的格式应用到第一段。

(3) 将页面设置为“横向”。

(4) 按样张及作图顺序补充完成流程图(如图 4-13 所示),作图顺序为形状中的圆角矩形,内容为“审核初稿”;自选图形:右弧形箭头,内容为“4”。

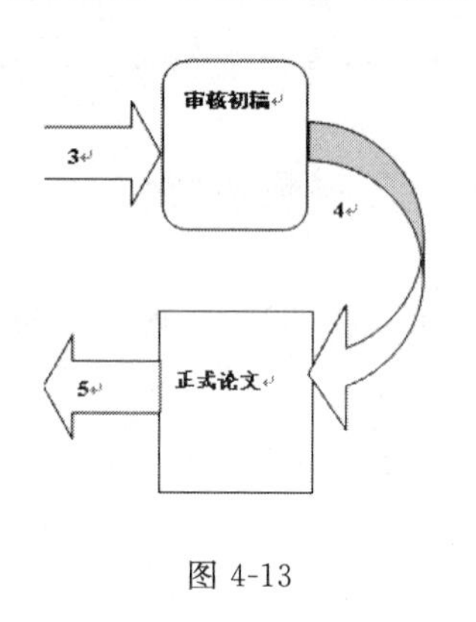

图 4-13

(5) 设置页眉内容为“流程图”,居中排列。

(6) 页面背景使用文字水印背景,文字内容为“李四论文流程图”,颜色为天蓝;保存文件。

5. 请打开 E:\模拟试题(三)\Word\305. docx 文档,完成以下操作。(4 分)

(1) 设置文档第 1 段为宋体、红色、加粗、小初字号,居中对齐。

(2) 设置文档第 6、7 段为宋体、加粗、二号字,居中对齐。

(3) 设置文档第 4 段、第 9～14 段和第 18 段为仿宋_GB2312、三号字,其中第 4、13、14 段为右对齐方式,第 10 段首行缩进 2 字符。

(4) 设置文档第 17 段为加粗、三号字。

(5) 在文档中分别绘制两条水平直线,两条直线图形格式设置为红色、2. 25 磅、单实线条,宽度 14 厘米、水平对齐方式为相对于栏居中,其中绘制的第一条直线的垂直对齐方式绝对位置在页边距下侧 2 厘米;绘制的第二条直线的垂直对齐方式为相对于页边距下对齐。

6. 请打开 E:\模拟试题(三)\Word\306. docx,完成以下操作。(4 分)

(1) 将原文中第四段及第六段的“得”字全部删除。

(2) 将原文中字体格式为删除线,文字内容为“部门”两字设置字体格式,设置字体效果为“阴影”,“空心”,不含删除线(提示:使用格式替换功能);保存文档。

四、Excel 操作题(共 5 题,共 22 分)

1. 请打开 E:\模拟试题(三)\Excel\目录下的“301. xlsx”工作簿,完成以下操作。(4 分)

(1) 建立“工资表”的副本“工资表 (2)”,并移至工作簿的最后。

(2) 利用表格样式“主题样式 1-强调 5”格式化副本“工资表 (2)”的 A2:H7;保存文件。

2. 请打开 E:\模拟试题(三)\Excel\302. xlsx 工作簿,完成以下操作。(6 分)

(1) 在 E4:E25 区域里用公式和函数输入更改后的教室,其格式为“厚德楼加上原用教室后 3 位号码”,(如 A107 更改后为厚德楼 107,B203 更改后改为厚德楼 203)。

(2) 在 G4:G25 区域里用公式和函数输入时间(上午或下午),本科生会议时间是上午,专科生时间是下午。

(3) 将 F4:F25 中的日期以“05-jan-97”的格式显示。

3. 请打开工作簿文件 E:\模拟试题(三)\Excel\303. xlsx,完成以下操作。(4 分)

(1) 将"工资表"工作表删除。

(2) 在"图书"工作表中,绘制如图 4-14 所示的"饼图",数据为总价最大的 5 本书,数据标志为百分比;以 14 号字,加粗蓝色,显示图表标题"书本数量比例",其他字号均为 10 号;数量比列最大的数据颜色为红色。

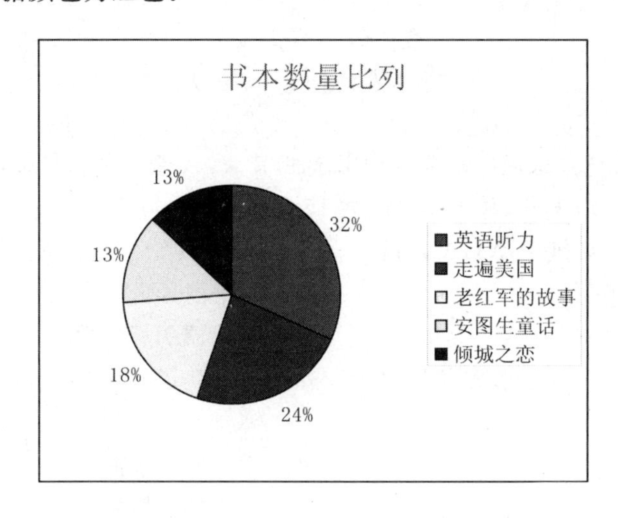

图 4-14

4. 请打开 E:\模拟试题(三)\Excel\304. xlsx 工作簿,并对"Sheet1"工作表进行如下操作。(4 分)

(1) 先对表格中的"职务工资"到进行升序排列,当"职务工资"相同则以"生活津贴"降序排列,排列时必须扩展到所有记录。

(2) 运用自动筛选自定义的功能显示职称为"讲师"的数据;保存文件。

5. 请打开 E:\模拟试题(三)\Excel\305. xlsx 工作簿,使用"数据有效性"功能完成以下的操作:当用户选中"所属部门"列的第 3 行至第 14 行时,在其右侧显示一个下拉列表框箭头,忽略空值。并提供"办公室"、"制作室"和"教研室"的选择项供用户选择。(提示:选择项必须按题述的顺序列出,有效性条件为序列)保存文件。(4 分)

五、PowerPoint 操作题(共 2 题,共 15 分)

1. 请打开演示文稿 E:\模拟试题(三)\PowerPoint\301. pptx,完成以下操作。(8 分)

(1) 第一张幻灯片版式设置为"标题和内容",在内容框中插入一个图表。

(2) 在第三张幻灯片的标题后插入一个超链接,链接到本文档中的第一张幻灯片;保存文件。

2. 请打开演示文稿 E:\模拟试题(三)\PowerPoint\302. pptx,完成以下操作(注意:没有要求操作的项目请不要更改)。(7 分)

(1) 将第一张幻灯片中的标题框设置为 88 磅、加粗。

(2) 将第二张幻灯片版面改变为"垂直排列标题与文本";保存文件。(7 分)

六、网络题(共 2 题,共 7 分)

1. 在 E:\模拟试题(三)\Windows 下有一个 jpg 文件,文件名为 travel,请使用 Out-Look Express 软件把该文件以附件形式发送给一位朋友,该朋友的 E-mail 是 lwtravel@

163.com;发送时请在主题中注明“taiwan”;邮件的内容中写上“欣赏朦胧中的台湾美”;同时将该邮件抄送给:rt56@scnu.edu.cn,gogo@163.com。(3分)

2. 请登录到“生物科技网”网站,网站上有一个免费的邮箱服务,该网站的地址是202.116.44.67:80/384/webpage.htm,请向该网站申请一个免费的邮箱并登录该邮箱,申请时请使用用户名:campus,密码:travel,身份证号码:使用自己的考试证号。(4分)

模拟试题(四)

请将教师提供的模拟试题(四)复制到E盘根目录,按下列要求完成各题作答。

一、单选题(每小题1分,共15小题,共15分)

1. 在微型计算机系统中,VGA是指(　　)。

A. CDROM的型号之一　　B. 微机型号之一

C. 打印机型号之一　　D. 显示器的标准之一

2. 作为数据的一种表示形式,图表是动态的,当改变了其中(　　)之后,Excel会自动更新图表。

A. Y轴上的数据　　B. X轴上的数据

C. 标题的内容　　D. 所依赖的数据

3. 在Windows中,下列说法不正确的是(　　)。

A. 应用程序窗口最小化后,其对应的程序仍占用系统资源

B. 一个应用程序窗口可含多个文档窗口

C. 一个应用程序窗口与多个应用程序相对应

D. 应用程序窗口关闭后,其对应的程序结束运行

4. IPv4中,(　　)类IP地址的前16位表示的是网络号,后16位表示的是主机号。

A. B　　B. D　　C. C　　D. A

5. 在Word的编辑状态,设置了标尺,可以同时显示水平标尺和垂直标尺的视图方式是(　　)。

A. 普通方式　　B. 大纲方式　　C. 全屏显示方式　　D. 页面方式

6. 已知D2单元格的内容为=B2*C2,当D2单元格被复制到E3单元格时,E3单元格的内容为(　　)。

A. =B2*C2　　B. =C2*D2　　C. =C3*D3　　D. =B3*C3

7. 因特网能提供的最基本服务有(　　)。

A. Gopher,finger,WWW　　B. Telnet,FTP,WAIS

C. E-mail,WWW,FTP　　D. Newsgroup,Telnet,E-mail

8. 在Word中,下列不属于文字格式的是(　　)。

A. 分　　B. 字号　　C. 字型　　D. 字体

9. 在下列选项中,关于域名书写正确的一项是(　　)。

A. gdoa.edu1.cn　　B. gdoa.edu1,cn

C. gdoa,edu1,cn　　D. gdoa,edu1.cn

10. 下列四个叙述中，正确的是(　　)。
A. 外存储器中的信息可以直接被 CPU 处理
B. 假若 CPU 向外输出 20 位地址，则它能直接访问的存储空间可达 1 MB
C. PC 在使用过程中突然断电，SRAM 中存储的信息不会丢失
D. PC 在使用过程中突然断电，DRAM 中存储的信息不会丢失

11. 打开窗口的控制菜单的操作可以单击控制菜单框或者(　　)。
A. 双击标题栏　　B. 按“Alt＋Space”组合键
C. 按“Shift＋Space”组合键　　D. 按“Ctrl＋Space”组合键

12. 在 Word 中查找和替换正文时，若操作错误则(　　)。
A. 必须手工恢复　　B. 有时可恢复，有时就无可挽回
C. 无可挽回　　D. 可用“撤销”来恢复

13. A＊B. TXT 表示所有文件名含有字符个数是(　　)。
A. 3 个　　B. 2 个　　C. 4 个　　D. 不能确定

14. 计算机病毒是可以造成计算机故障的(　　)。
A. 一种特殊的程序　　B. 一块特殊芯片
C. 一个程序逻辑错误　　D. 一种微生物

15. 在微机中，1MB 准确等于(　　)。
A. 1 000×1 000 字　　B. 1 024×1 024 字节
C. 1 000×1 000 字节　　D. 1 024×1 024 字

二、Windows 操作题(每小题 2.5 分，共 6 小题，共 15 分)

1. 试用 Windows“记事本”创建文件：HONGKONG，存放于“E:\模拟试题(四)\Windows\DO”文件夹中，文件类型为. TXT，文件内容为(内容不含空格或空行)“庆祝香港回归十五周年-文艺晚会！”。

2. 请将位于“E:\模拟试题(四)\Windows\TESTDIR”目录中的文件“ADVADU.HTR”复制到目录“E:\模拟试题(四)\Windows\ITS95PC”中。

3. 请在“E:\模拟试题(四)\ Windows”目录下搜索(查找)文件夹“SEEN3”，并将其删除。

4. 请将位于“E:\模拟试题(四)\Windows\JINAN”中的文件“QI. BMP”创建快捷方式图标，取名为“TEMPLATE”，保存于“E:\ 模拟试题(四)\Windows\TESTDIR”文件夹中。

5. 请将位于“E:\模拟试题(四)\Windows\JINAN”中的 TXT 文件移动到目录“E:\模拟试题(四)\Windows\TESTDIR”中。

6. 请在“E:\模拟试题(四)\Windows”目录下搜索(查找)文件夹“DID3”并将其改名为“DMB”。

三、Word 操作题(共 6 题，共 26 分)

1. 打开 E:\模拟试题(四)\Word\401. docx，完成以下操作(注：文字内容不含标点)。(4 分)

(1) 插入页眉，内容为“第 x 页”(其中 x 为 1、2、3，该值随当前页变化而变化)。

(2) 插入页脚，内容为“共 y 页”(其中 y 为总页数，该值随总页数的变化而变化)，页脚字体颜色为蓝色。

(3) 保存文件。

2. 请打开 E:\模拟试题(四)\Word\402.docx 文档,完成以下操作。(5 分)

利用“绘图”工具中的自选图形功能,建立如图 4-15 所示的自选图形,位置可任意设置。注意:请按 A、B、C 标示的顺序建立自选图形,图形中的英文字母请通过“添加文字”功能实现,字号为 3 号,对齐方式为居中。

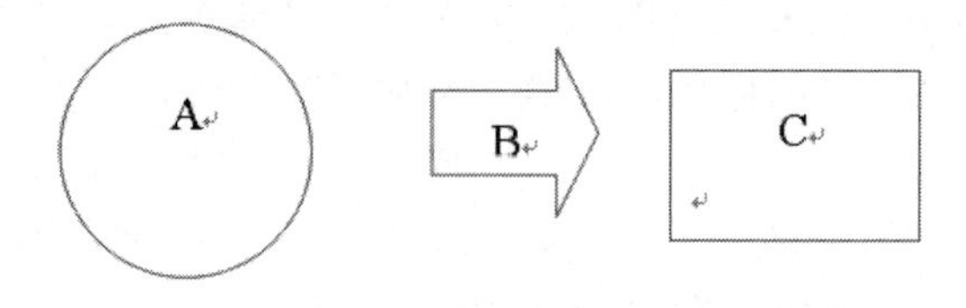

图 4-15

说明:

(1) A 为直径 3 厘米的圆形,A 的环绕方式为浮于文字上方,图形线条颜色为红色。

(2) B 为高度和宽度为 2 厘米的右箭头,B 的环绕方式为浮于文字上方,图形线条颜色为红色。

(3) C 为高 2 厘米、宽 3 厘米的距形,C 的环绕方式为浮于文字上方,图形线条颜色为红色。

(4) 保存文件。

3. 请打开 E:\模拟试题(四)\Word\103.docx 文档,完成以下操作(注:没有要求操作的项目请不要更改,提示:使用“Tab”键可设置下级编号)。(4 分)

按如图 4-16 所示设置项目符号和编号,一级编号位置为左对齐,对齐位置为 0 厘米,文字缩进位置为 2 厘米。

冬瓜尾骨汤的菜谱

1. 选料
   A. 冬瓜 110 克,猪尾骨 150 克,生姜 1 片,葱 1 根
   小匙。
2. 制法
   A. 葱洗净,切段;姜洗净;冬瓜洗净,去皮,切薄
   B. 猪尾骨洗净,切小块,放入开水中汆烫,捞出。
   C. 锅中倒入 4 杯水煮开,放入猪尾骨、姜丝、葱段
   最后再加入鸡精 1 小匙、盐、香油各 1/2 小匙即可
3. 特点
   A. 瓜软,肉香,汤醇。

图 4-16

二级编号位置为左对齐,对齐位置为 1 厘米,文字缩进位置为 1 厘米(注:编号含有半角句号符号),保存文件。

4. 请打开 E:\模拟试题(四)\Word\404.docx 文档,完成以下操作。(5 分)

(1) 在文档第二段中文字为“墓上有座小庙”前插入一幅图片(来自 E:\模拟试题(四)\Word\picture\1.JPG)。

(2) 设置图片版式的环绕方式为四周型,水平对齐方式为居中。(设置完成该项操作后,请保存设置,继续下面的操作)

(3) 图片的大小设置成锁定纵横比,并相对原图缩放比例为高 80%。

(4) 设置图像控制颜色为灰度。

(5) 图片具有边框线条,线条颜色为红色。

(6) 保存文件。

5. 请打开E:\模拟试题(四)\Word\405.docx文档,完成以下操作。(4分)

按样版补充完成流程图。从上到下作图顺序如下:箭头,流程图:决策,箭头,流程图:终止;然后在图形内添加文字,红色字体、对齐方式居中。

6. 请打开E:\模拟试题(四)\Word\406.docx文档,完成以下操作。(4分)

(1) 设置文档第1段为宋体、红色、加粗、小初字号,居中对齐。

(2) 设置文档第6、7段为宋体、加粗、二号字,居中对齐。

(3) 设置文档第4段、第9～14段和第18段为仿宋_GB2312、三号字,其中第4、13、14段为右对齐方式,第10段首行缩进2个字符。

(4) 设置文档第17段为加粗、三号字。

(5) 在文档中分别绘制两条水平直线,两条直线图形格式设置为红色、2.25磅、单实线条,宽度14厘米、水平对齐方式为相对于栏居中,其中绘制的第一条直线的垂直对齐绝对位置在页边距下侧2厘米;绘制的第二条直线的垂直对齐方式为相对于页边距下对齐。

四、Excel操作题(共5题,共22分)

1. 请打开E:\模拟试题(四)\Excel\401.xlsx工作簿,利用"Sheet2"工作表作为数据源创建数据透视表,以反映不同性别、不同职务的平均基本工资情况,性别作为列字段,职务作为行字段;取消行总计和列总计项。把所创建的透视表放在Sheet2工作表的A18开始的区域中,并将透视表命名为"基本工资透视表"。保存文件。(5分)

2. 请打开E:\模拟试题(四)\Excel\402.xlsx工作簿,使用PMT函数,在B5单元格计算为使18年后得到5万元的存款,现在每月应存多少钱?(注意:计算出结果后,不要自己改变小数位数及格式设置,否则不能得分。提示:通过字段名右上角批注,可查看函数使用的提示和帮助)(4分)

3. 请打开E:\模拟试题(四)\Excel\403.xlsx工作簿,完成以下的操作。(4分)

(1) 把A1的单元格内容设置为红色加粗,字体为楷体_GB2312,字号16,有删除线;并设置A1的单元格内容在A1:G1区域跨列居中。

(2) 设置B3:B9单元格的图案颜色为"紫色"、图案样式为"6.25% 灰色"。

4. 请打开E:\模拟试题(四)\Excel\404.xlsx工作簿,采用高级筛选从"Sheet1"工作表中筛选出所有姓"林"并且性别为"女"的职工记录,条件区域放在L2开始的区域中,并把筛选出来的记录保存到Sheet1工作表的A18开始的区域中。(条件顺序为:1.姓名,2.性别)保存文件。(5分)

5. 打开E:\模拟试题(四)\Excel\405.xlsx工作簿,完成以下的操作。(4分)

(1) 利用函数计算总收入。提示:总收入为职务工资、生活津贴、奖励补贴和岗位补贴之和。

(2) 把G2:G7单元格内容复制到工作表"A"的A1:A6单元格区域,要求复制结果显示计算所得结果。

(3) 保存文件。

五、PowerPoint 操作题(共 2 题,共 15 分)

1. 请打开演示文稿 E:\模拟试题(四)\PowerPoint\401. pptx,按要求完成下列各项操作并保存。(注意:演示文稿中的各对象不能随意删除和添加)(7 分)

(1) 为第一张幻灯片标题文本框增加一个超链接,该链接指向一电子邮箱,邮箱名为“mailto:beijing@163. com”,电子邮件主题为“演示文稿”,屏幕提示文字为“考试”。

(2) 在第三张幻灯片中删除一个声音文件。

2. 请打开演示文稿 E:\模拟试题(四)\PowerPoint\402. pptx,按要求完成下列各项操作并保存。(注意:演示文稿中的各对象不能随意删除和添加)(8 分)

(1) 将第一张幻灯片在副标题处输入文字“平民超静音空调”,字体设置为宋体、加粗并倾斜、字号为 44。

(2) 将第二张幻灯片的版式更换为“垂直排列标题与文本”,含“消费者”的文本设置自定义动画为飞入,方向为“自底部”。

六、网络题(共 2 题,共 7 分)

1. 请登录上“宋词网”网站,地址是 202. 116. 44. 67:80/387/webpage. htm,利用该网站的搜索引擎,搜索名称为“千年史册耻无名”的网页,下载到 E:\模拟试题(四)\ Windows,保存时文件名为“Emperor. HTM”,格式为 HTML。(3 分)

2. 在 E:\模拟试题(四)\Windows 下有已写好的附件(E:\模拟试题(四)\Windows\RESUME. DOC),请把该附件发送给一间公司,该公司的 E-mail 是 dns@187. com。发送时请在主题中注明“link”。邮件的内容中写上“青藏铁路与印度连接”。做完后截取发送界面的当前窗口,以“RESUME. GIF”为文件名保存到 E:\模拟试题(四)\Windows。(4 分)

模拟试题(五)

请将教师提供的模拟试题(五)复制到 E 盘根目录,按下列要求完成各题作答。

一、单选题(每小题 1 分,共 15 小题,共 15 分)

1. 第二代计算机采用的电子逻辑元件是(　　)。

A. 晶体管　　B. 电子管　　C. 集成电路　　D. 超大规模集成电路

2. 微型计算机的硬件系统包括(　　)。

A. 主机、内存和外存　　B. 主机和外设

C. CPU、输入设备和输出设备　　D. CPU、键盘和显示器

3. 计算机能够直接执行的计算机语言是(　　)。

A. 汇编语言　　B. 机器语言　　C. 高级语言　　D. 自然语言

4. 十进制整数 100 化为二进制数是(　　)。

A. 1100100　　B. 1101000　　C. 1100010　　D. 1110100

5. Windows 中,若要将当前窗口复制到剪贴板中,可以按(　　)快捷键。

A. “Alt+PrintScreen”　　B. “Crtl+PrintScreen”

C. “Shift+PrintScreen”　　D. “PrintScreen”

6. 在 Windows 中,将文件选定并按住“Shift”键的同时拖入“回收站”意味着(　　)。

A. 文件真正被删除,不能恢复　　B. 文件没有真正被删除,仍然可用

C. 文件没有真正被删除,但不能用　　D. 文件真正被删除,但能恢复

7. 在 Windows 中,若系统长时间不响应用户的要求,为打开“任务管理器”结束该任务,应使用(　　)快捷键。

A. “Shift+Esc+Tab”　　B. “Crtl+Shift+Enter”

C. “Alt+Shift+Enter”　　D. “Alt+Ctrl+Del”

8. 在 Word 中,有关表格的操作,以下说法(　　)是不正确的。

A. 文本能转换成表格　　B. 表格能转换成文本

C. 文本与表格可以相互转换　　D. 文本与表格不能相互转换

9. 在 Excel 中,如果没有预先设定整个工作表对齐方式,则字符型数据和数值型数据自动以(　　)方式对齐。

A. 左对齐,右对齐　　B. 右对齐,左对齐

C. 中间对齐　　D. 视具体情况而定

10. 在 Excel 中,文本连接符是(　　)。

A. #　　B. !　　C. +　　D. &

11. 在 Excel 的单元格中,如果要将一个数字以字符方式输入,应在数字前输入(　　)。

A. ’　　B. ”　　C. 空格　　D. :

12. 如要终止幻灯片的放映,可直接按(　　)键。

A. “Ctrl+C”　　B. “Esc”　　C. “Enter”　　D. “Alt+F4”

13. 在 PowerPoint 中,若要为幻灯片中的对象设置动态效果,应选择(　　)选项卡。

A. 动画　　B. 开始　　C. 插入　　D. 幻灯片放映

14. DNS 是指(　　)。

A. 远程登录　　B. 文件传输协议　　C. 域名转换系统　　D. 网络服务器

15. LAN 是(　　)的英文缩写。

A. 城域网　　B. 网络操作系统　　C. 局域网　　D. 广域网

二、Windows 操作题(每小题 2.5 分,共 6 小题,共 15 分)

1. 请在“E:\模拟试题(五)\Windows\CREAT\beset”目录下建立名为 fj 的文件夹。

2. 请将“E:\模拟试题(五)\Windows\”目录下扩展名为.A 的文件移到“E:\模拟试题(五)\Windows\TRANS\MOVING”目录中。

3. 请将“E:\模拟试题(五)\Windows\SPEED”目录中的 quick.gif 文件,在“E:\模拟试题(五)\Windows”文件夹中建立名为 sh 的快捷方式。

4. 请将“E:\模拟试题(五)\Windows\RENAME”目录中的 hard.txt 文件改名为 rt.w。

5. 请将“E:\模拟试题(五)\Windows”目录中的 QUEST.TXT 文件复制到文件夹“E:\模拟试题(五)\Windows\REPEAT\COPY”中。

6. 请将“E:\模拟试题(五)\Windows”目录中扩展名为.txt 且文件名第一字符为“V”的所有文件全部删除。

三、Word 操作题(共 6 题,共 26 分)

1. 打开 E:\模拟试题(五)\Word\501.docx,完成以下操作。(注:文字内容不含标点)(4 分)

(1) 给文章加上标题“清官的数字雅号”,采用“标题 1”样式(宋体、2 号、粗体),并居中显示。

(2) 取消全文的段间距(即段间距为0),并对全文进行首行缩进3字符,行距为1.7倍行距;并将正文第三段的字符间距设置为加宽2磅。

(3) 保存文件。

2. 请打开E:\模拟试题(五)\Word\501.docx文档,完成以下操作。(4分)

(1) 插入页眉页脚,在页眉上写上“古代清官”,字体格式为:宋体四号字,居中对齐。在页脚位置插入页码,格式为壹、贰、叁……,居中对齐。

(2) 将正文最后一段文字首字下沉两行;分成等高的两栏,有分隔线,栏宽相等。

(3) 保存文件。

3. 请打开E:\模拟试题(五)\Word\501.docx文档,完成以下操作。(5分)

(1) 去除全文所有的空格,并把全文所有的“清官”,格式设置为绿色、四号、黑体、倾斜、着重号。

(2) 将E:\模拟试题(五)\Word文件夹中的清官.jpg图片插入文档中,适当调整大小,使之覆盖前三段文字,并衬于文字下方,冲蚀效果。给图片加上蓝色、3磅粗的圆点线边框。

(3) 保存文件。

4. 请打开E:\模拟试题(五)\Word\502.docx文档,完成以下操作。(5分)

(1) 标题设置为黑体、二号、文本效果为“填充-白色,渐变轮廓-强调文字颜色1”,并居中显示。

(2) 将标题“世界文化遗产——丽江”置于文本框中,框线颜色为蓝色,填充色为渐变、线性向下。

(3) 正文设置为楷体_GB2312、小三号,各段落左右各缩进1厘米,首行缩进2个字符,行距为1.5倍行距。

(4) 保存文件。

5. 请打开E:\模拟试题(五)\Word\502.docx文档,完成以下操作。(4分)

(1) 在正文的最后插入一个4行4列表格,表格套用表格样式“彩色型3”。

(2) 在正文的末尾插入公式 $\int_0^1 \ln f(x)\mathrm{d}x = x^3$。

6. 请打开E:\模拟试题(五)\Word文件夹,完成以下操作。(4分)

在文件夹有一个名为“工资条.docx”的文件,请以此文件为主文档进行邮件合并,邮件合并所需的数据已存放在“职员表.xlsx”数据源文件中。要求将合并后的文件命名为“职员工资条汇总.docx”,存放在同一文件夹中。

四、Excel操作题(共5题,共22分)

1. 请打开E:\模拟试题(五)\Excel\501.xlsx工作簿,按下列要求完成操作。(5分)

(1) 将“基本操作”工作表重命名为“华润超市商品销售统计表”,并将其拖放到工作簿最后。

(2) 用数据填充法补充其他商品的编号,要求将所有编号的格式按001、002……的形式。

(3) 用“公式与函数”求每种商品同学的销售额及利润。计算公式为

销售额=单价×销售量

利润=销售额-成本费

(4) 保存文件。

2．请打开 E:\模拟试题(五)\Excel\501．xlsx 工作簿，按下列要求完成操作。(4 分)

(1) 在“华润超市商品销售统计表”工作表的第一行上方插入新的一行，合并并居中单元格 A1:G1，并插入“华润超市商品销售统计表(1—6 月)”，要求：隶书、红色、22 号字号、加粗，标准色浅蓝色底纹。

(2) 将销售量在 300 以下的数字设置为红色、加粗，且销售量在 500(包含 500)以上的数字设置为蓝色、加粗。

(3) 保存文件。

3．请打开 E:\模拟试题(五)\Excel\502．xlsx 工作簿，完成下列操作。(4 分)

在 Sheet1 工作表中的“人事档案表”数据清单，采用高级筛选的方式将学历为本科、工龄在 5 年以上的记录抽取到以 B21 开始的区域中，要求筛选结果及条件区域放在指定的位置。

4．请打开 E:\模拟试题(五)\Excel\503．xlsx 工作簿，按下列要求完成操作。(4 分)

(1) 将 Sheet1 工作表中的“人事档案表”数据，采用分类汇总的方式汇总出不同部门的人数、平均年龄，先将数据清单按“部门”进行升序排序，要求去掉“替换汇总结果”选项。

(2) 保存文件。

5．打开 E:\模拟试题(五)\Excel\504．xlsx 工作簿，按下列要求完成操作。(5 分)

(1) 在“全球笔记本市场前 5 大厂家销售表(2006 年)”工作表中绘制如图 4-17 所示的分离型三维饼状图，要求显示图例，类别名称和百分比。图表标题“全球笔记本市场前 5 大厂家销售表”，黑体，20 号字，图表中其他字体格式为宋体、12 号，图表区采用水滴纹理。制作好的图表如图 4-17 所示。

(2) 保存文件。

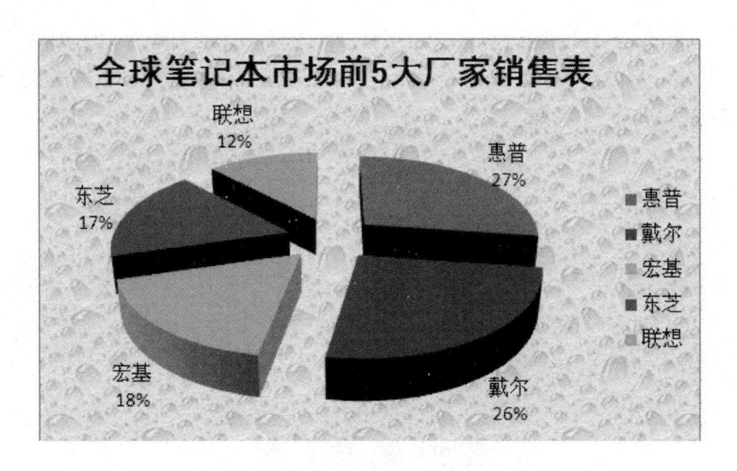

图 4-17　图表样张

五、PowerPoint 操作题(共 4 题，共 15 分)

按制作好的幻灯片样张如图 4-18 和图 4-19 所示，完成下列操作。

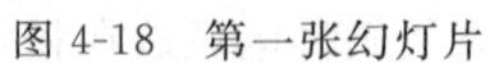
图 4-18　第一张幻灯片

图 4-19　第二张幻灯片

1. 新建一个文件名为“平安夜贺卡”的空白演示文稿，保存在 E:\模拟试题(五)\PowerPoint 目录中。(2 分)

2. 将第一张幻灯片的版式设置为“标题幻灯片”；幻灯片背景为“平安夜.jpg”；标题为“平安夜的祝福”，字体为华文行楷、72 号、加粗、居中、红色；副标题为“神说：所谓幸福，是有一颗感恩的心，一个健康的身体，一份称心的工作，一位深爱你的人，一帮信赖的朋友，你会拥有这一切！我说祝你：圣诞快乐，平安夜快乐！”，格式为幼圆、32 号、加粗、白色，左对齐。如图 4-18 所示。(5 分)

3. 插入第二张幻灯片：版式为“标题内容”；在标题栏插入艺术字“圣诞节的狂欢”，选“填充-白色，投影”艺术字样式，并将字体设为华文行楷，字号为 60 号，动画效果为缩放、慢速、消失点“幻灯片中心”；在内容栏插入“圣诞节.jpg”图片；第二张幻灯片应用“波形”主题。如图 4-19 所示。(5 分)

4. 将两张幻灯片放映的切换方式设置闪光，并设置每张幻灯片自动放映 10 秒钟。(3 分)

六、网络题(共 2 题，共 7 分)

1. 请登录上百度 MP3 网站，地址是 http://mp3.baidu.com/，利用该网站的搜索引擎，搜索歌手汪峰的歌曲“存在”，下载到 E:\模拟试题(五)\Internet 目录，保存时文件名为“汪峰-存在”，格式为 mp3。(3 分)

2. 在 E:\模拟试题(五)\Internet 文件夹下有一名称为“期末复习大纲.docx”文件，请把该文件上传到“资源共享”网站的 user/upload/word 文件夹，网站地址是 202.116.44.67，登录时请使用你的考号作为登录用户名和密码。(4 分)

模拟试题(六)

请将教师提供的模拟试题(六)复制到 E 盘根目录，按下列要求完成各题作答。

一、单选题(每小题 1 分，共 15 小题，共 15 分)

1. 冯·诺依曼式计算机硬件系统的组成部分包括(　　)。

A. 运算器、外部存储器、控制器和输入输出设备

B. 运算器、控制器、存储器和输入输出设备

C. 电源、控制器、存储器和输入输出设备

D. 运算器、放大器、存储器和输入输出设备

2. 八进制整数 150 化为十进制数是(　　)。

A. 104　　B. 150　　C. 132　　D. 128

3. 在计算机领域中通常用主频来描述(　　)。

A. 计算机的运算速度　　B. 计算机的可靠性

C. 计算机的可运行性　　D. 计算机的可扩充性

4. 微型计算机的主要技术指标有(　　)。

A. 所配备的系统软件的优劣

B. CPU 的主频和运算速度、字长、内存容量和存取速度

C. 显示器的分辨率、打印机的配置

D. 硬盘容量的大小

5. Windows 目录的文件结构是(　　)。

A. 网状结构　　B. 环型结构　　C. 矩形结构　　D. 树型结构

6. Windows 中,将文件直接拖入"回收站"意味着(　　)。

A. 文件真正被删除,不能恢复　　B. 文件没有真正被删除,仍然可用

C. 文件没有真正被删除,但不能用　　D. 文件真正被删除,但能恢复

7. 要关闭正在运行的程序窗口,可以按(　　)键。

A. "Alt+Ctrl"　　B. "Alt+F3"　　C. "Ctrl+F4"　　D. "Alt+F4"

8. 在 Word 2010 中,实现首字下沉的操作,应通过下列哪个选项来实现?(　　)

A. 开始(首字下沉　　B. 页面布局(首字下沉

C. 插入(首字下沉　　D. 视图(首字下沉

9. 在 Word 软件中,下列操作中不能建立一个新文档的是(　　)。

A. 在"文件"选项卡选择"新建"

B. 按快捷键"Ctrl+N"

C. 选择快速访问工具栏中的"新建"按钮

D. 在"文件"选项卡中选择"打开"

10. 在 Word 中,可以显示分页效果的视图方式是(　　)。

A. 普通视图　　B. 页面视图　　C. 大纲视图　　D. 全屏显示

11. Word 中"格式刷"按钮的作用是(　　)。

A. 复制文本　　B. 复制图形　　C. 复制文本和格式　D. 复制格式

12. 在 Microsoft Excel 中,进行公式复制时,(　　)发生变化。

A. 相对地址中的地址偏移量　　B. 相对地址中的单元格

C. 绝对地址中地址表达式　　D. 绝对地址中所引用的单元格

13. 在 PowerPoint 中,在"设置背景格式"中的"填充"选项所不能填充的是(　　)。

A. 图片　　B. 图案　　C. 纹理　　D. 文本和线条

14. ftp://ccnu.edu.cn 是一个(　　)。

A. WWW 地址　　B. BBS 地址

C. E-mail 地址　　D. 文件传输服务器地址

15. 各站点通过点对点链路都接到中央站点而形成的网络拓扑结构是(　　)。

A. 树型　　B. 环型　　C. 总线型　　D. 星型

二、Windows 操作题(每小题 2.5 分,共 6 小题,共 15 分)

1. 请在“E:\模拟试题(六)\Windows”目录下搜索(查找)文件“MYGUANG. TXT”,并把该文件的属性改为“隐藏”,其他属性全部取消。

2. 请在“E:\模拟试题(六)\Windows”目录下搜索(查找)文件“MYBOOK5. TXT”并删除。

3. 试用 Windows 的“记事本”创建文件“EMEISHAN”,存放于“E:\模拟试题(六)\Windows \MON”文件夹中,文件类型为“TXT”,文件内容为(内容不含空格或空行)“2013年 2 月 13 日至 2 月 23 日:第二十五届大学生冬季运动会在卢布尔雅娜举行!”。

4. 请将位于“E:\模拟试题(六)\Windows \DO\AA1”中的 small. docx 文件复制到目录“E:\模拟试题(六)\Windows\DO\AA2”中。

5. 请将位于“E:\模拟试题(六)\Windows\DO\BB1”中的“JIAN. DOCX” 文件移动到“E:\模拟试题(六)\Windows\DO\BB2”中。

6. 请在“E:\模拟试题(六)\Windows \”目录中搜索(查找)文件夹“ABC”并将其改名为“OK”。

三、Word 操作题(共 6 题,共 26 分)

1. 打开 E:\模拟试题(六)\Word\601. docx,完成以下操作。(注:文字内容不含标点)(5 分)

(1) 将正标题“军事学之圣典”字体设为黑体,三号字,加拼音。

(2) 将副标题“孙武兵法”字体设为楷体_GB2312,四号字,设置文本效果的映像变体项为“全映像,8pt 偏移量”。

(3) 将“发生时间”、“发生地点”、“推荐理由”、“事件经过”等加粗文字加上边框和底纹,边框设为阴影、双波浪线、标准色蓝色,底纹设置为填充色为“水绿,强调文字颜色 5,淡色 80%”、图案样式“20%”。

(4) 设置“事件经过”下第一段文字的段落格式:左缩进 1 字符,右缩进 1 字符,首行缩进 2 字符,段前间距为 1 行,段后间距为 1 行,行距为 1.5 倍行距。

(5) 保存文件并关闭。

2. 请打开 E:\模拟试题(六)\Word\602. docx 文档,完成以下操作。(5 分)

(1) 为文档增加艺术字标题:广州将建城市原点标志,要求:样式为艺术字库的第五行第五列(蓝色,强调文字颜色 1,塑料棱台,映像),居中,一号字,延 Z 轴旋转 5 度。

(2) 将第一段的段落左右各缩进 1 厘米;首字下沉 2 行,距正文 1 厘米。后两段使用 1.5 倍行距。

(3) 在页眉上输入“上机测试”,居中。在页脚插入页码,右对齐,页码的格式为 A,B,C……所有字体都为黑体、小四。

(4) 插入图片“城市原点. JPG”(图片素材在 E:\模拟试题(六)\Word 文件夹中),适当调整图片大小,使之基本上与第二段的大小吻合,做成冲蚀效果,置于文字下方;保存文件并关闭。

3. 请打开 E:\模拟试题(六)\Word\603. docx 文档,完成以下操作。(4 分)

(1) 设置页面的右边距为 7 厘米，下边距为 6 厘米，垂直的文字排列方向。

(2) 设置页面边框为艺术型中的“五支笔”，宽度为 20 磅。

(3) 在标题后面插入脚注：范成大。

(4) 为文档加上水印背景效果，文字为：满江红 · 竹里行厨，颜色为浅绿。保存文件并关闭。

4. 请打开 E:\模拟试题(六)\Word\604.docx 文档，完成以下操作。(4 分)

(1) 将表格一自动套用格式：网格型 2；为表格增加双实线、浅蓝、1.5 磅粗的上下框线。

(2) 在表格二上新增一行，合并这一行，并输入“值班表”文字，小二、黑体。

(3) 去除表格二第一个单元格的上、左、右线条。

(4) 修改表格二的行高为 1 厘米；保存文件并关闭。

5. 请打开 E:\模拟试题(六)\Word\605.docx 文档，完成以下操作。(4 分)

(1) 从第一段开头拆出文字“上海世博会澳门馆”做成标题段落，格式设置为：居中、华文行楷、一号字加粗、红色，1.5 磅粗、橙色、单波浪线、阴影边框，浅蓝底纹，并将这组格式保存为“A1”样式。

(2) 设置正文的段落格式为悬挂缩进 2 字符，行距为 1.5 倍行距；第一段首字下沉 3 行。

(3) 将正文“澳门馆”替换为二号、蓝色、加粗、加着重号。保存文件并关闭。

6. 请打开 E:\模拟试题(六)\Word\605.docx 文档，完成以下操作。(4 分)

(1) 将“澳门馆.JPG”的图片(图片素材在 E:\模拟试题(六)\Word 文件夹中)以四周型环绕的方式插入到文档第二段的中间位置，缩小到原来的 50%；将文档的背景色设置为白、黑双色，样式为中心辐射的第一种效果。

(2) 在最后一段开始位置加上书签 B1；单击图片可链接到 B1 书签。保存文件并关闭。

四、Excel 操作题(共 5 题，共 22 分)

1. 请打开 E:\模拟试题(六)\Excel\601.xlsx 工作簿，按下列要求完成操作。(5 分)

(1) 将“类别”这一列移动到“出版社”列和“出版日期”列之间。

(2) 将标题在 A1:F1 单元格合并居中，24 磅、浅蓝色华文琥珀字体。

(3) 设置 A3:F3 单元格格式：18 磅，黑体，填充颜色为浅绿色；设置 A4:A13 单元格格式：12 磅，隶书，填充颜色为橙色。

(4) 在表格左上角插入剪贴画“书架上的四本书”(查找“书”剪贴画)，调整图片大小。

(5) 把“单价”一列的数据前面加上人民币符号￥及保留两位小数位。保存文件并关闭。

2. 请打开 E:\模拟试题(六)\Excel\602.xlsx 工作簿，按下列要求完成操作。(4 分)

(1) 填充职工编号“0001、0002、…、0020”。

(2) 补贴计算方法：如果基本工资≥2 000 元，补贴＝工资的 12%，如果 1 500 元＜工资＜2 000 元，补贴＝工资的 8%，否则补贴 95 元。

(3) 应发工资＝基本工资＋补贴。保存文件并关闭。

3. 请打开 E:\模拟试题(六)\Excel\603.xlsx 工作簿，在“身份证号码”工作表中完成下列操作。(5 分)

(1) 输入编号：0001～0040。

(2) 设置公式根据身份证号码确定各人的出生日期，如身份证号为“291101561221482”

的出生日期为 1956-12-21(提示:date 函数,mid 函数)。

(3) 用分类汇总的方法统计出各学院职工的人数。

4. 请打开 E:\模拟试题(六)\Excel\603. xlsx 工作簿,在“花名册”工作表中完成下列操作。(4 分)

(1) 在以 F2 为左上角的区域中设置条件,将表格中所有的 2000 级至 2001 级中文专业的学生记录筛选出来,筛选结果复制到 J2 单元格为左上角的区域中。

(2) 在性别一列设置性别的有效性,要求单元格提供下拉列表,列表中有“男”和“女”两项选择。

5. 打开 E:\模拟试题(六)\Excel\603. xlsx 工作簿,在“销售额”工作表中完成下列操作。(4 分)

根据如图 4-20 所示,将“销售额”工作表中的“店名”、“食品”、“玩具”三列数据制作一个嵌入式三维簇状柱形图,将食品数据系列的颜色改为红色;将玩具数据系列填充预设颜色中的“彩虹出岫”。

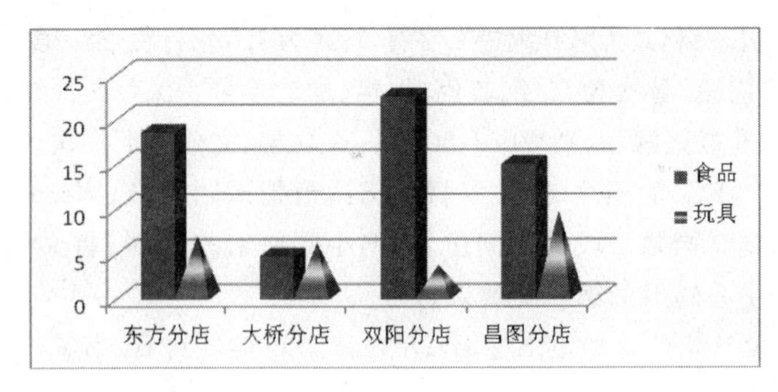

图 4-20　制作好的图表

五、PowerPoint 操作题(共 4 题,共 15 分)

按下列样张,根据题目要求建立一个包含 2 张幻灯片的演示文稿。(样张如图 4-21、图 4-22 所示)

图 4-21　第一张幻灯片

图 4-22　第二张幻灯片

① 插入第一张幻灯片版式为“空白”;插入艺术字“激情世界杯”:采用第 1 行第 1 列的艺术字样式,字号 58,字体自选。为艺术字添加“熊熊火焰”的填充效果,文字效果为转换中的“倒三角”。插入图片“足球.jpg”,放在艺术字下方。(5 分)

② 插入第二张幻灯片。版式为“只有标题”；添加标题“南非世界杯”，格式为黑体，48号，居中，加粗。插入图片“世界杯.jpg”，具体参考样张，图片进入动画效果为轮子。设置单击图片后可以回到第一张幻灯片。（5 分）

③ 两张幻灯片的设计文题为“气流”，两张幻灯片皆显示编号、系统日期。（2 分）

④ 将所有幻灯片的切换方式设置为“溶解”。将其保存到 E:\模拟试题(六)\PowerPoint 文件夹中，文件名为“世界杯”。（3 分）

六、网络题（共 2 题，共 7 分）

1. 请登录当当网网站，网址是 http://www.dangdang.com/，搜索计算机等级考试二级 Access 的图书信息，将评论数排第一的图书信息以网页的形式保存到 E:\模拟试题(六)\Internet 目录，保存时文件名为图书的书名，格式为 htm。（3 分）

2. 请登录大学生论坛主页，网址是 http://bbs1.chinacampus.org/，以自己的学号作为用户名和密码注册一个用户，将注册成功后的登录页面进行屏幕截图，并通过画图软件将截图以.jpg 格式保存到 E:\模拟试题(六)\Internet 目录，文件名为“大学生论坛登录页面”。（4 分）

模块五　参考答案

一、基础知识习题参考答案

项目一　初识计算机

1. B　2. B　3. B　4. A　5. A　6. A　7. C　8. D　9. A　10. C
11. B　12. A　13. A　14. A　15. A　16. D　17. B　18. A　19. A　20. B
21. D　22. A　23. C　24. A　25. A　26. A　27. B　28. D　29. B　30. D
31. C　32. D　33. B　34. A　35. C　36. C　37. A　38. A　39. D　40. B
41. A　42. A　43. B　44. B　45. A　46. D　47. C　48. C　49. C　50. C

项目二　操作系统 Windows 7

1. A　2. C　3. A　4. D　5. C　6. B　7. C　8. D　9. C　10. A
11. B　12. D　13. C　14. D　15. D　16. D　17. C　18. C　19. D　20. A
21. B　22. C　23. C　24. B　25. A　26. D　27. B　28. D　29. D　30. C
31. A　32. C　33. A　34. D　35. D　36. B　37. D　38. A　39. B　40. A
41. C　42. B　43. B　44. C　45. A　46. B　47. D　48. C　49. C

项目三　文档处理 Word 2010

1. B　2. C　3. B　4. A　5. B　6. C　7. C　8. D　9. A　10. A
11. A　12. D　13. A　14. C　15. B　16. A　17. B　18. B　19. C　20. B
21. C　22. A　23. C　24. D　25. C　26. C　27. B　28. C　29. C　30. A
31. A　32. A　33. C　34. D　35. D　36. D　37. C　38. A　39. C　40. D
41. C　42. B　43. C　44. A　45. B　46. D　47. B　48. B　49. C　50. C
51. B　52. B　53. B　54. C　55. A　56. A　57. D　58. C　59. A　60. D

项目四　电子表格 Excel 2010

1. D　2. B　3. C　4. D　5. B　6. C　7. C　8. B　9. C　10. B
11. A　12. C　13. A　14. C　15. A　16. C　17. C　18. D　19. C　20. C
21. C　22. A　23. C　24. D　25. B　26. B　27. D　28. A　29. C　30. B
31. A　32. B　33. C　34. C　35. B　36. A　37. D　38. B　39. A　40. C
41. C　42. D　43. B　44. A　45. B　46. A　47. B　48. C　49. A　50. B
51. A　52. D　53. C　54. C　55. B　56. A　57. C　58. A　59. D　60. D

项目五　演示文稿制作 PowerPoint 2010

1. D　2. A　3. D　4. B　5. C　6. B　7. B　8. D　9. B　10. D
11. C　12. C　13. B　14. D　15. B　16. B　17. D　18. C　19. A　20. D
21. A　22. A　23. C　24. C　25. B　26. D　27. D　28. A　29. A　30. A
31. D　32. A　33. D　34. A　35. C　36. D　37. D　38. C　39. D　40. B
41. B　42. D　43. B　44. D　45. B

项目六　多媒体应用

1. D　2. D　3. A　4. A　5. D　6. A　7. D　8. A　9. B　10. B
11. D　12. B　13. A　14. C　15. A　16. A　17. A　18. C　19. D　20. C
21. B　22. A　23. B　24. A　25. D

项目七　信息检索与应用

1. D　2. D　3. B　4. C　5. C　6. D　7. B　8. A　9. C　10. B

项目八　网页制作 Dreamweaver CS5

1. D　2. D　3. A　4. A　5. D　6. D　7. A　8. D　9. B　10. D
11. C　12. C　13. D　14. A　15. C　16. A　17. C　18. B　19. B　20. C
21. C　22. C　23. A　24. D　25. C

二、模拟试题集参考答案

模拟试题(一) 答案

一、单选题(每小题 1 分,共 15 小题,共 15 分)

1. D　2. C　3. D　4. D　5. D　6. D　7. A　8. C
9. A　10. D　11. C　12. B　13. B　14. A　15. B

二、Windows 操作题(每小题 2.5 分,共 6 小题,共 15 分)

1. 其操作步骤如下。

① 打开 E:\模拟试题(一)\Windows\CREAT\beset 文件夹。

② 右击,在弹出的快捷中选择“新建”→“新文件夹”命令。

③ 输入文件夹名“track”。

2. 其操作步骤如下。

① 打开 E:\模拟试题(一)\Windows 文件夹。

② 单击常用工具栏上的搜索按钮。

③ 在“要搜索的文件或文件夹名为”文本框中输入需要搜索的文件为“ * . B”。

④ 单击“立即搜索”按钮,即可搜索到 E:\模拟试题(一)\Windows 目录中扩展名为. B 所有文件。

⑤ 选定搜索到的文件,按“Ctrl+C”快捷键复制选定的文件。

⑥ 打开 E:\模拟试题(一)\Windows\REPEAT\COPY 文件夹，按“Ctrl＋V”快捷键粘贴文件。

3. 其操作步骤如下。

① 打开 E:\模拟试题(一)\Windows\SPEED 文件夹。

② 选定“quick. gif”文件，右击，在打开的快捷菜单中选择“创建快捷方式”。

③ 将 quick. gif 所创建的快捷方式重命名为“tie”，选定 tie 文件，按“Ctrl＋C”快捷键复制选定的快捷方式文件。

④ 打开 E:\模拟试题(一)\Windows 文件夹，按“Ctrl＋V”快捷键粘贴快捷方式文件。

4. 其操作步骤如下。

① 打开 E:\模拟试题(一)\Windows\RID\DETE 文件夹。

② 选定 WIPE. BMP 文件，按“Delete”快捷键删除选定的文件。

5. 其操作步骤如下。

① 打开 E:\模拟试题(一)\Windows\TIME 文件夹。

② 选定 VIRTUAL. TXT 文件，按“Ctrl＋X”快捷键剪切选定的文件。

③ 打开 E:\模拟试题(一)\Windows\TIME\DATE 文件，按“Ctrl＋V”快捷键粘贴文件。

6. 其操作步骤如下。

① 打开 E:\模拟试题(一)\Windows\RENAME。

② 选定 SPRING. TXT 文件，右击，在打开的快捷菜单中选择“属性”，弹出“属性”对话框。

③ 在属性对话框中勾选“只读”选项，单击“确定”按钮。

三、Word 操作题(共 6 题，共 26 分)

1. 打开 E:\模拟试题(一)\Word 文件夹，选定并双击 101. docx 文件，其操作步骤如下。

① 打开 E:\模拟试题(一)\Word\101. docx 文档。

② 选择“页面布局”选项卡→“页面设置”右下角的对话框启动器按钮，弹出“页面设置”对话框。

③ 在对话框中切换到“版式”选项卡，勾选“页眉和页脚”选项组中“奇偶页不同”和“首页不同”选项。

④ 在“距边界”选项组设置页眉边距为 50 磅，页脚边距为 30 磅。

⑤ 在“页面”选项组设置“垂直对齐方式”为“居中”。

⑥ 单击“行号”按钮，弹出“行号”对话框，勾选“添加行号”复选框，将“起始编号”微调框的值设为“2”，单击“确定”按钮。

⑦ 单击对话框中的“边框”按钮，弹出“边框和底纹”对话框，在列表“样式”选择“双实线”；“颜色”下拉列表中选择“其他颜色”，打开“颜色”对话框，切换到“自定义”选项卡，分别选择红色 0，绿色 255，蓝色 0，单击“确定”按钮返回到“边框和底纹”对话框。

⑧ 单击“确定”按钮，保存文档并关闭。

2. 打开 E:\模拟试题(一)\Word，选定并双击 102. docx 文件，其操作步骤如下。

① 将光标插入点置于文档标题“桑葚-概述”文字后，选择“引用”选项卡→“脚注”选项组→“插入尾注”按钮。

② 插入尾注标志后，双击定位到“节的结尾”，输入尾注内容“又名桑果、桑枣”。

③ 将光标插入点定位在文档正文第四段后面，选择“审阅”选项卡→“批注”选项组→“新建批注”按钮，输入批注内容“南疆的情况”。

④ 保存文档并关闭。

3. 打开 E:\模拟试题(一)\Word，选定并双击 103.docx 文件，其操作步骤如下。

① 按“Ctrl”键，根据样张选定定义级别 1 的段落，选择“开始”选项卡→“段落”选项组→“多级列表”按钮，在下拉列表中选择“定义新的多级列表”，弹出“定义新多级列表”对话框。

② 在对话框中的“级别”列表中选择“1”，“编号样式”列表中选择“A，B，C，…”，“输入编号的格式”文本框中输入“A.”，在“对齐位置”微调框中输入“1 厘米”，如图 5-1 所示，单击“确定”按钮。

③ 以同样的方式设置“编号格式级别 2”，如图 5-2 所示。

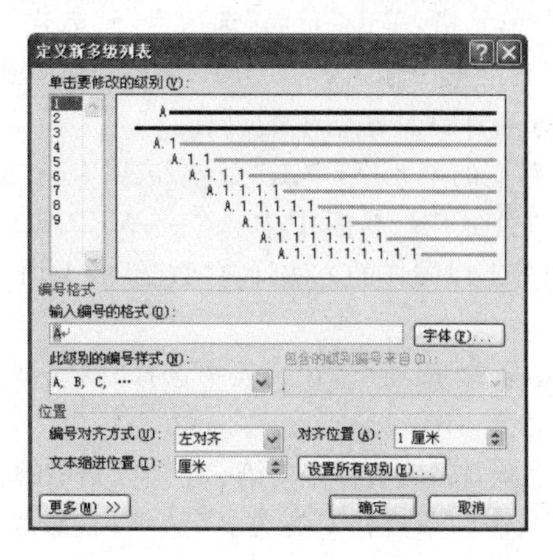

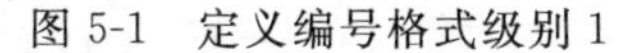
图 5-1 定义编号格式级别 1

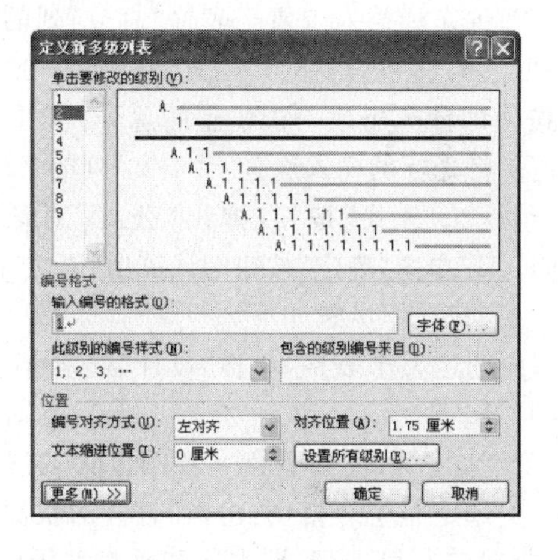

图 5-2 定义编号格式级别 2

④ 保存文档并关闭。

4. 打开 E:\模拟试题(一)\Word，选定并双击 104.docx 文件，其操作步骤如下。

① 将光标的插入点置于文档最后一段，选择“插入”选项卡→“插图”选项组→“SmartArt”按钮，弹出“选择 SmartArt 图形”对话框。

② 在对话框的列表中选择“棱锥图”，在子列表中选择“基本棱锥图”。

③ 按照样张依次在“在此处输入文字”文本窗体中输入文字。

④ 选定基本棱锥图，选择“设计”选项卡→“SmartArt 样式”选项组→“更改颜色”按钮，在下拉列表中选择“彩色-强调文字颜色”。

⑤ 保存并关闭文档。

5. 打开 E:\模拟试题(一)\Word 文件夹，其操作步骤如下。

① 单击“文件”选项卡→“新建”→“空白文档”→“创建”按钮，新建一个空白文档，在空白文档输入内容：“同学，你的面试成绩为，我们的考核，感谢您的支持。”。

② 按“Ctrl＋S”快捷键，弹出“另存为”对话框，选择保存路径为“E:\模拟试题(一)\Word”，保存类型为.xml，文件名为 107，单击“保存”按钮。

③ 将光标插入点置于主文档任意位置，单击“邮件”选项卡→“开始邮件合并”选项组→“选择收件人”按钮，在下拉列表中选择“使用现有列表”选项，弹出“选取数据源”对话框。

④ 在“选取数据源”对话框中定位数据源文件所在目录“E:\模拟试题(一)\Word”,选定数据源文件 105.docx 并单击“打开”按钮。

⑤ 将光标插入点置于主文档的开始处,单击“邮件”选项卡→“编写和插入域”选项组→“插入合并域”按钮,在下拉列表中选择“姓名”选项。按照样张,以相同的方法在主文档插入“面试成绩”和“通过情况”域。

⑥ 单击“邮件”选项卡→“完成”选项组→“完成并合并”按钮,在下拉列表中选择“编辑单个文档”选项,弹出“合并到新文档”对话框。

⑦ 在“合并到新文档”对话框中选中“全部”单选按钮,单击“确定”按钮。

⑧ 按“Ctrl+S”快捷键保存合并后的新文档,文件名为“108.docx”。

6. 打开 E:\模拟试题(一)\Word,选定并双击 106.docx 文件。

(1) 其操作步骤如下。

① 将光标插入点置于表格“总分”列的第一个单元格,单击“布局”选项卡→“数据”选项组→“f_x 公式”按钮,弹出“公式”对话框,在“公式”文本框中输入“=SUM(LEFT)”,单击“确定”按钮即计算出第一位学生的总分。以同样的方法计算其他学生的总分。

② 将光标的插入点置于“语文”列的平均分所对应的单元格,单击“布局”选项卡→“数据”选项组→“f_x 公式”按钮,弹出“公式”对话框,在“公式”文本框中输入“=AVERAGE(ABOVE)”。单击“确定”按钮即计算出“语文”的平均分。以同样的方法计算“数学”的平均分。

(2) 其操作步骤如下。

① 选定整个表格,单击“设计”选项卡→“表格样式”选项组,在列表中选择“列表型 8”的表格样式。

② 单击“设计”选项卡→“绘图边框”选项组→“擦除”按钮,去掉表格第一个单元格中的斜线。

③ 选定整个表格,右击,在打开的快捷菜单中选择“单元格对齐方式”选项,在级联菜单中选择第二行第二列,即水平和垂直都居中。

④ 按“Ctrl+S”快捷键保存文档。

四、Excel 操作题(共 5 题,共 22 分)

1. 打开 E:\模拟试题(一)\Excel 文件夹,选定并双击 101.xlsx 文件。其操作步骤如下。

① 选定“成绩”列的 D4:D19 单元格区域,单击“开始”选项卡→“样式”选项组→“条件格式”按钮,在下拉列表中选择“突出显示单元格规则”→“小于”选项,弹出“小于”对话框,在“数值”框中输入 60。在“设置为”下拉列表中选择“自定义格式”选项,弹出“设置单元格格式”对话框。

② 在“设置单元格格式”对话框的“字体”选项卡中,设置字体格式为:粗体、单下画线、标准色红色;切换到“边框”选项卡,选择“颜色”为标准绿色,单击“预置”选项组中的“外边框”。单击“确定”按钮返回到“小于”对话框,单击“确定”按钮。

③ 选定“成绩”列的 D4:D19 单元格区域,单击“开始”选项卡→“样式”选项组→“条件格式”按钮,在下拉列表中选择“突出显示单元格规则”→“介于”选项,弹出“介于”对话框,在“数值”框中分别输入 85 和 100。在“设置为”下拉列表中选择“自定义格式”选项,弹出“设置单元格格式”对话框。

④ 在“设置单元格格式”对话框的“字体”选项卡中,选择“颜色”下拉列表框中的“其他颜色”,打开“颜色”对话框,切换到“自定义”选项卡,将颜色定义为红色 255、绿色 102、蓝色

255,单击“确定”按钮返回“设置单元格格式”对话框。

⑤ 切换到“填充”选项卡,选择“图案样式”为“细对角线条纹”,单击“确定”按钮返回“介于”对话框,单击“确定”按钮。按“Ctrl+S”快捷键保存文档。

2. 打开 E:\模拟试题(一)\Excel 文件夹,选定并双击 102. xlsx 文件。

(1) 其操作步骤如下。

① 选定 E2,单击“公式”选项卡→“函数库”选项组→“插入函数”按钮,或单击编辑栏上的“插入函数”按钮 fx,弹出“插入函数”对话框。

② 在“插入函数”对话框的“或选择类型”下拉列表中选择“逻辑”,并在“选择函数”列表中选择 IF。

③ 单击“确定”按钮,打开“函数参数”对话框。

④ 在“函数参数”对话框中输入三个参数后的公式为:=IF(D2>75,500,300),单击“确定”按钮即可计算出第一位职工的补贴。

⑤ 拖动填充柄将 E2 单元格内的函数复制到 E3:E21 单元格区域。

(2) 其操作步骤如下。

① 选定 H2,单击“公式”选项卡→“函数库”选项组→“插入函数”按钮,或单击编辑栏上的“插入函数”按钮 fx,弹出“插入函数”对话框。

② 在“插入函数”对话框的“或选择类型”下拉列表中选择“统计”,并在“选择函数”列表中选择 AVERAGE。

③ 单击“确定”按钮,打开“函数参数”对话框。

④ 在“函数参数”对话框设置 Number1 参数值为 C2:C21,单击“确定”按钮计算出职工的平均工资。

⑤ 选定 H2,右击,在打开的快捷菜单中选择“设置单元格格式”选项,弹出“设置单元格格式”对话框。在对话框“数字”选项卡的“分类”列表中选择“数值”,并设置“小数位数”为 1,单击“确定”按钮。

⑥ 按“Ctrl+S”快捷键保存文件。

3. 打开 E:\模拟试题(一)\Excel 文件夹,选定并双击 103. xlsx 文件。操作步骤如下。

① 选定 H8,单击“插入”选项卡→“图表”选项组→“柱形图”按钮→“三维柱形图”。

② 单击“设计”选项卡→“数据”选项组→“选择数据”按钮,弹出“选择数据源”对话框。

③ 在对话框的“图表数据区域”选择数据源为 B3:E6,单击“确定”按钮。

④ 选定“图表”,单击“设计”选项卡→“图表布局”选项组→“布局 2”。

⑤ 输入图表标题为“各制片厂电影产量”。

⑥ 单击“布局”选项卡→“标签”选项组→“坐标轴标题”按钮,在下拉列表中选择“主要横坐标轴标题”→“坐标轴下方标题”,在“坐标轴标题”中输入“电影制片厂”。

⑦ 单击“布局”选项卡→“标签”选项组→“图例”按钮,在下拉列表中选择“在左侧显示图例”。

⑧ 按“Ctrl+S”快捷键保存文件。

4. 打开 E:\模拟试题(一)\Excel 文件夹,选定并双击 104. xlsx 文件。

(1) 其操作步骤如下。

① 选定“职业”列,单击“数据”选项卡→“数据工具”选项组→“数据有效性”按钮,在下

拉列表中选择“数据有效性”，弹出“数据有效性”对话框。

② 按如图 5-3 所示设置“数据有效性”对话框的“允许”选项和“来源”选项值，单击“确定”按钮。

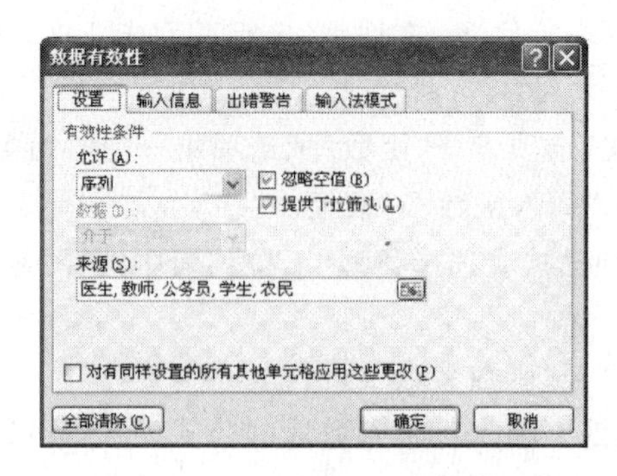

图 5-3 “职业”列的设置结果

(2) 其操作步骤如下。

① 选定“得分”列，单击“数据”选项卡→“数据工具”选项组→“数据有效性”按钮，在下拉列表中选择“数据有效性”，弹出“数据有效性”对话框。

② 按如图 5-4 所示设置“数据有效性”对话框的“设置”选项卡。

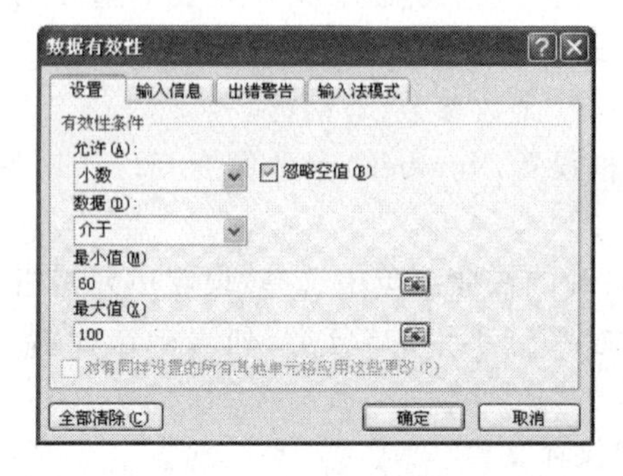

图 5-4 “得分”列的设置结果

③ 按如图 5-5 所示设置“数据有效性”对话框的“输入信息”选项卡。

④ 按如图 5-6 所示设置“数据有效性”对话框的“出错警告”选项卡。

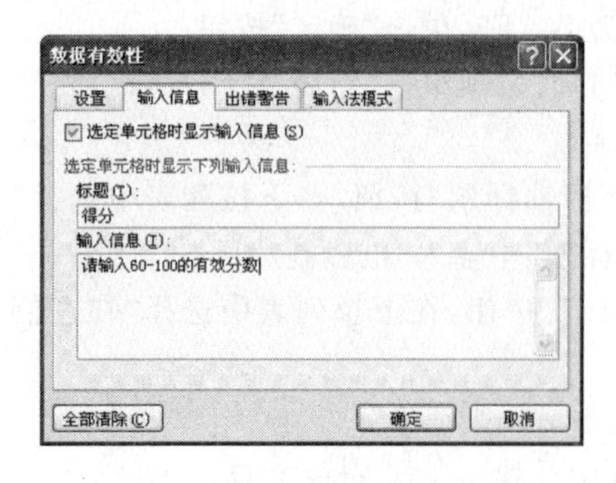

图 5-5 “输入信息”选项卡设置

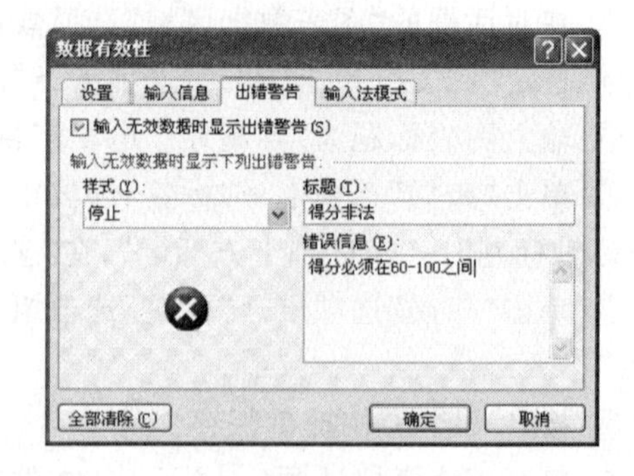

图 5-6 “出错警告”选项卡设置

⑤ 按“Ctrl＋S”快捷键保存文件。

5. 打开 E:\模拟试题(一)\Excel 文件夹，选定并双击 105. xlsx 文件。其操作步骤如下。

① 根据条件要求在 H1 单元格为左上角的区域中建立条件区域。

② 将光标插入点置于数据清单中的任意位置，单击“数据”选项卡→“排序和筛选”选项组→“高级”按钮，弹出“高级筛选”对话框。

③ 在对话框中按如图 5-7 所示设置各个选项，单击“确定”按钮，筛选结果如图 5-8 所示。

图 5-7　“高级筛选”对话框

31	品牌	CPU	内存(MB)	硬盘(GB)	购买日期	价格
32	组装	486DX-66Hz	16	60	95-5-30	6600.00
33	组装	486DX-66Hz	16	60	95-4-21	6650.00
34	组装	486DX-66Hz	16	80	95-4-11	6700.00
35	组装	486DX-66Hz	16	60	95-1-9	6850.00
36	组装	486DX-66Hz	16	40	95-1-1	7000.00

图 5-8　高级筛选结果

④ 按“Ctrl＋S”快捷键保存文件。

五、PowerPoint 操作题(共 4 题，共 15 分)

打开 E:\模拟试题(二)\PowerPoint 文件夹。

1. 其操作步骤如下。

① 开启 PowerPoint 2010 应用程序，新建一个空白演示文稿。

② 按“Ctrl＋S”快捷键将演示文稿保存在 E:\模拟试题(二)\PowerPoint 文件夹中，文件名为“米兰世博会”。

2. 其操作步骤如下。

① 按“Enter”快捷键插入一张空白幻灯片，单击“开始”选项卡→“幻灯片”选项组→“版式”按钮，在下拉列表中选择“标题幻灯片”。

② 在主标题输入内容“喜迎 2015 年世界博览会”，设置字体格式为华文琥珀、52 号、加粗、标准色红色。

③ 在副标题输入内容：“——意大利米兰”，设置对齐方式为“右对齐”，设置字体格式为华文隶书、40 号、加粗、黑色。

④ 将光标的插入点置于副标题的前面，单击“插入”选项卡→“图像”选项组→“图片”按钮，弹出“插入图片”对话框，在对话框中选择要插入的图片会徽.jpg，单击“插入”按钮。

3. 其操作步骤如下。

① 按“Enter”快捷键插入第二张空，单击“开始”选项卡→“幻灯片”选项组→“版式”按钮，在下拉列表中选择“两栏内容”。

② 在标题中插入文本“2015 年世博会的主题——滋养地球，生命的能源”；设置标题的字体格式为华文彩云、42 号、加粗、标准色绿色。

③ 选定标题，单击“动画”选项卡→“动画”选项组→“放大/缩小”选项设置标题的动画效果。

④ 在幻灯片的左侧栏中输入内容“意大利米兰选择‘滋养地球，为生命加油’作为2015年世博会的主题。追求食品防御安全(好的食物和好的水源)与食品安全(有足够的食物和饮料)这两大目标是一种教育人们关注可持续发展基本原则的方法。因此2015年世博会所选择的主题不仅有助于人类生活水平的提高，而且对于人力资本的发展也有积极作用。”

⑤ 将光标置于右侧栏中，单击“插入”选项卡→“图像”选项组→“图片”按钮，弹出“插入图片”对话框，在对话框中选择要插入的图片米兰世博会.jpg文件，单击“插入”按钮；调整图片到栏宽大小。

4. 其操作步骤如下。

① 按“Ctrl”快捷键选定两张幻灯片，单击“设计”选项卡→“背景”选项组→“背景样式”按钮，在下拉列表中选择“设置背景格式”选项，弹出“设置背景格式”对话框。

② 在“填充”选项中选择“渐变填充”单选按钮，并在“预设颜色”下拉列表中选择“茵茵绿原”，其他选项按默认值。

③ 单击“切换”选项卡→“切换到此幻灯片”选项组→“分割”选项，将两张幻灯片的切换效果设置为“分割”，在“效果选项”下拉列表中选择“中央向左右展开”，“声音”下拉列表中选择“鼓掌”。

④ 按“Ctrl+S”快捷键保存演示文稿。

六、网络题(共2题，共7分)

1. 其操作步骤如下。

① 在IE浏览器中输入“动物频道”网站地址202.116.44.67:80/406/main.htm，按回车键。

② 单击免费的邮箱服务。

③ 按向导提示使用用户名：sports，密码：golf，身份证号：自己的考试证号申请免费邮箱。

2. 其操作步骤如下。

① 在IE浏览器中输入“地理频道”网站地址202.116.44.67:80/404/main.htm，按回车键。

② 在打开网页的搜索引擎文本中输入“季风气候”。

③ 单击网页中的“搜索”按钮。

④ 打开搜索到的“季风气候”网页，选择“文件”→“保存”按钮，在打开的“保存”对话框选择文件保存目录“E:\模拟试题(一)\Windows”，在“保存类型”下拉列表中选择类型“jpg”，在文件名文本框中输入linfeng。

⑤ 单击“保存”按钮。

模拟试题(二) 答案

一、单选题(每小题1分，共15小题，共15分)

1. A　2. B　3. D　4. C　5. B　6. A　7. C　8. A

9. A　10. C　11. D　12. D　13. C　14. B　15. A

二、Windows操作题(每小题2.5分，共6小题，共15分)

1. 其操作步骤如下。

① 打开E:\模拟试题(二)\Windows\JINAN文件夹。

② 选定 QI. BMP 文件，右击，在弹出的快捷菜单中选择“创建快捷方式”命令。

③ 选定步骤②创建的快捷方式，右击，在弹出的快捷菜单中选择“重命名”命令，输入文件名“TEMPLATE”，按回车键。

④ 选定快捷方式 TEMPLATE，按“Ctrl＋X”快捷键剪切该快捷方式。

⑤ 打开 E:\模拟试题(二)\Windows\TESTDIR 文件夹，按“Ctrl＋V”快捷键粘贴快捷方式。

2. 其操作步骤如下。

① 打开 E:\模拟试题(二)\Windows\DO\BIG1 文件夹，选定扩展名为. doc 文件 small. doc。

② 按“Ctrl＋C”快捷键复制选定的文件。

③ E:\模拟试题(二)\Windows\DO\BIG2 文件夹，按“Ctrl＋V”快捷键粘贴文件。

3. 其操作步骤如下。

① 打开 E:\模拟试题(二)\Windows\文件夹。

② 单击资源管理器中常用工具栏上的搜索按钮。

③ 在“要搜索的文件或文件夹名为”文本框中输入需要查找的文件夹名“SEEN3”。

④ 单击“立即搜索”按钮，即可搜索到文件夹“SEEN3”。

⑤ 选定搜索到的文件夹“SEEN3”，按“Delete”键。

⑥ 在弹出的对话框中单击“是”按钮。

4. 其操作步骤如下。

① 打开 E:\模拟试题(二)\Windows\DO\DO1 文件夹。

② 选定 JIAN. DOC 文件，按“Ctrl＋X”快捷键剪切选定的文件。

③ 打开 E:\模拟试题(二)\Windows\DO\DO2 文件夹。

④ 按“Ctrl＋V”快捷键粘贴文件。

5. 其操作步骤如下。

① 打开 E:\模拟试题(二)\Windows 文件夹。

② 单击资源管理器中常用工具栏上的搜索按钮。

③ 在“要搜索的文件或文件夹名为”文本框中输入待查找的文件夹名“SAW”。

④ 单击“立即搜索”按钮，即可搜索到文件夹“SAW”。

⑤ 选定搜索到的文件夹“SAW”，单击文件夹名，当文件夹名高亮显示时，输入新文件夹名“SAWA”，按回车键。

6. 其操作步骤如下。

① 选择“开始”→“所有程序”→“附件”→“记事本”，打开记事本应用程序。

② 在“记事本”窗口的工作区输入文本内容“2016 年夏季奥运会主办地-巴西里约热内卢”。

③ 选择“文件”→“保存”命令，在弹出的“另存为”对话框中选择保存的目录，选择文件保存类型以及设置文件名为“2016 年里约热内卢奥运会”。

④ 单击“保存”按钮。

三、Word 操作题(共 6 题，共 26 分)

1. 打开 E:\模拟试题(二)\Word 文件夹，选定并双击 201. docx 文件。

(1) 其操作步骤如下。

① 将光标的插入点放在标题“新世纪羊城八景”的后面。

② 选择"引用"选项卡→"插入脚注"按钮,弹出"脚注和尾注"对话框。

③ 设置插入脚注的位置、编号格式以及起始编号,并输入脚注内容"广州城市的新形象"。

(2) 其操作步骤如下。

① 选择"开始"选项卡→"编辑"→"替换"按钮,在弹出的"查找和替换"对话框中单击"更多"按钮。

② 在对话框的"查找内容"文本框中输入"越秀",在"替换为"文本框中输入"越秀"。

③ 将光标的插入点放置在"替换为"文本框中,单击"格式"按钮。

④ 在下拉列表中选择"字体"选项,则打开"替换字体"对话框。

⑤ 在"替换字体"对话框中设置字体颜色、下画线线型、下画线颜色。

⑥ 单击"替换字体"对话框中的"确定"按钮,返回"查找和替换"对话框。

⑦ 单击"查找和替换"对话框中的"全部替换"按钮。

⑧ 单击"查找和替换"对话框右上角的关闭按钮。

⑨ 按"Ctrl+S"快捷键保存文件。

2. 打开 E:\模拟试题(二)\Word,选定并双击 202.docx 文件。

(1) 其操作步骤如下。

① 单击"开始"选项卡→"样式"选项组右下角的对话框启动器,打开"样式"任务窗格。

② 单击"样式"任务窗格中的"新建样式"按钮,弹出"根据格式设置创建新样式"对话框。

③ 在"根据格式设置创建新样式"对话框的名称文本框中输入样式名"闪烁";在"样式基于"下拉列表中选择"正文";单击"格式"按钮,在下拉列表中选择"文字效果"选项以打开"文字效果"对话框。

④ 在"文字效果"对话框的"动态效果"列表中选择"闪烁背景",单击"确定"按钮返回"根据格式设置创建新样式"对话框。

⑤ 单击"确定"按钮,即可在"样式"任务窗格的列表中看到刚新建的样式"闪烁"。

⑥ 将光标的插入点放置在文档第二段落的任意位置,单击"样式"任务窗格的列表中样式"闪烁",则将文档第二段落应用样式"闪烁"。

(2) 其操作步骤如下。

① 在"样式和格式"任务窗格的列表中,右击样式"页眉",在弹出的下拉列表中选择"删除"选项。

② 在弹出的对话框中单击"是"按钮。

3. 打开 E:\模拟试题(二)\Word,选定并双击 203.docx 文件。

(1) 其操作步骤如下。

① 将光标的插入点放置在文档的第八段下面。

② 单击"插入"选项卡→"表格"→"插入表格"命令,弹出"插入表格"对话框。

③ 在"插入表格"对话框的"列数"文本框中输入 7;"行数"文本框中输入 5;单击"确定"按钮。

④ 按题目样张设置表格格式：选定表格第 1 列的第 2～4 行，右击，在弹出的快捷菜单中选择“合并单元格”命令；选定表格第 2 行的第 2～6 列，右击，在弹出的快捷菜单中选择“合并单元格”命令；选定表格第 3 行的第 5 和第 6 列，右击，在弹出的快捷菜单中选择“合并单元格”命令；选定表格第 4 行的第 5 和第 6 列，右击，在弹出的快捷菜单中选择“合并单元格”命令；选定表格第 5 行的第 2～6 列，右击，在弹出的快捷菜单中选择“合并单元格”命令；选定表格第 7 列的第 1、2、3、4、5 行，右击，在弹出的快捷菜单中选择“合并单元格”命令。

⑤ 根据样张在表格中输入内容。

(2) 其操作步骤如下。

① 将光标的插入点放置在表格第 7 列，选择“插入”→“图片”按钮，弹出“插入图片”对话框。

② 在对话框的“查找范围”查到文件所在的目录 E:\模拟试题(二)\Word\picture，选定图片 tan2. JPG，单击“插入”按钮。

③ 即在表格第 7 列空白位置插入图片 tan2. JPG。

(3) 其操作步骤如下。

① 选定表格文字及空白单元格，右击在弹出的快捷菜单中选择“单元格对齐方式”命令。

② 在打开的子菜单中选择第 2 行第 2 列的水平、垂直都居中的对齐方式。

③ 选定整个表格，右击，在弹出的快捷菜单中选择“表格属性”命令，弹出“表格属性”对话框。

④ 在“表格属性”对话框中，设置表格宽度为 14 厘米；指定表格对齐方式为水平居中。

⑤ 单击“确定”按钮，按“Ctrl＋S”快捷键保存文件。

4. 打开 E:\模拟试题(二)\Word，选定并双击 204. docx 文件。

(1) 其操作步骤如下。

① 选定文档第 1 段，单击“开始”选项卡→“字体”选项组右下角的对话框启动器按钮，或右击，在弹出的快捷菜单中选择“字体”命令，弹出“字体”对话框。

② 在“字体”对话框设置字体为隶书，颜色为红色，字形加粗，字号为小二号。

③ 单击“确定”按钮。

④ 选定文档第 1 段，单击“开始”选项卡→“段落”选项组右下角的对话框启动器按钮，或右击，在弹出的快捷菜单中选择“段落”命令，弹出“段落”对话框。

⑤ 选定文字“华商学院 6 周年庆文艺晚会”，单击“开始”选项卡→“字体”选项组右下角的对话框启动器按钮，或右击，在弹出的快捷菜单中选择“字体”命令，弹出“字体”对话框。

⑥ 在“字体”对话框中设置下画线线型为“双下画线”，下画线颜色为“蓝色”，单击“确定”按钮。

(2) 其操作步骤如下。

① 选定自选图形，右击，在弹出的快捷菜单中选择“设置自选图形格式”命令，打开“设置自选图形格式”对话框。

② 在“设置自选图形格式”对话框的“颜色与线条”选项卡，设置颜色为鲜绿色，透明度为 50%。

③ 选择“大小”选项卡，设置高度为 3 厘米、宽度为 20 厘米。

④ 单击“确定”按钮。

⑤ 定义自选图形，右击，在弹出的快捷菜单中选择“添加文字”令。

⑥ 在光标插入点处输入文字“中央图书馆方向”。

⑦ 选定文字“中央图书馆方向”，在快速访问工具栏“字段”选项组中的字号下拉列表中选择“三号”；单击加粗按钮B；单击“段落”选项组中的居中对齐按钮。

(3) 其操作步骤如下。

① 单击“页面布局”选项卡→“页面设置”选项组右下角的对话框启动器按钮，弹出“页面设置”对话框。

② 在“页面设置”对话框的“页边距”选项卡，设置方向为“横向”。

③ 单击“确定”按钮。

5. 打开 E:\模拟试题(二)\Word，选定并双击 205.docx 文件。

(1) 其操作步骤如下。

① 在光标插入点放置在文档第二段后面，单击“插入”选项卡→“插图”选项组→“图片”按钮，弹出“插入图片”对话框。

② 在对话框的“查找范围”查到图片文件所在的目录 E:\模拟试题(二)\Word\picture，选定图片 tan1.JPG，单击“插入”按钮。

③ 选定插入的图片，右击，在弹出的快捷菜单中选择“设置图片格式”命令，弹出“设置图片格式”对话框。

④ 在“设置图片格式”对话框的“大小”选项卡，设置图片的高度为 2.99 厘米，宽度为 3.88厘米；取消勾选“锁定纵横比”复选框。

⑤ 选择“版式”选项卡，单击“高级”按钮，弹出“布局”对话框。

⑥ 在“布局”对话框的“文字环绕”选项卡，设置文字环绕方式为上下型。

⑦ 选择“布局”对话框的“位置”选项卡，设置图片的水平对齐方式为居中，图片的垂直对齐为绝对位置在段落下侧 2.5 厘米。

⑧ 单击“确定”按钮返回“设置图片格式”对话框。

⑨ 单击“确定”按钮完成图片的插入与设置。

(2) 其操作步骤如下。

① 将光标的插入点放置在图片的下方，单击“插入”选项卡→“文本框”→“简单文本框”命令。

② 在文本框中输入文字“世界上最长的轿车”。

④ 选定文本框，单击“开始”选项卡，在快速访问工具栏的“字段”选项组上设置字体颜色为紫罗兰、字号为小五、对齐方式为居中；右击，在弹出的快捷菜单中选择“设置文本框格式”命令，弹出“设置文本框格式”对话框。

⑤ 在“设置文本框格式”对话框的“颜色与线条”选项卡，设置线条的颜色为无线条颜色。

⑥ 选择“设置文本框格式”对话框的“版式”选项卡，单击“高级”按钮，打开“布局”对话框。

⑦ 在“布局”对话框的“文字环绕”选项卡，设置文字环绕方式为上下型，单击“确定”按钮，返回“设置文本框格式”对话框。

⑧ 单击“确定”按钮。

(3) 其操作步骤如下。

① 选定文档中的第三段，单击“页面布局”选项卡→“页面设置”选项组→“分栏”→“更多分栏”命令，打开“分栏”对话框。

② 在“分栏”对话框中，设置栏数为 3，并勾选“分隔线”复选框。

③ 单击“确定”按钮。

(4) 其操作步骤如下。

① 将光标的插入点放置在文档第一段的任意位置，单击“插入”选项卡→“文本”选项组→“首字下沉”→“首字下沉选项”命令，打开“首字下沉”对话框。

② 在“首字下沉”对话框的“位置”选项区域选择“下沉”；设置字体为隶书；下沉行数为 3；距正文为 1 厘米。

③ 单击“确定”按钮，按“Ctrl＋S”快捷键保存文件。

6. 打开 E:\模拟试题(二)\Word，选定并双击 206. docx 文件。

(1) 其操作步骤如下。

① 在文档的第一段中选定文字“企业集团”，单击“开始”选项卡→“段落”选项组→“中文版式”按钮→“双行合一”命令，打开“双行合一”对话框。

② 单击“确定”按钮，则被选定的文字排版成企业集团。

(2) 其操作步骤如下。

① 将光标插入点放置在文字“浙江省省级救灾备荒种子储备库”后面，单击“插入”选项卡→“插图”选项组→“SmartArt”按钮，弹出“图示框”对话框，在对话框的“选择图示类型”列表中选择“组织结构图”。

② 按照图例在组织结构图依次输入内容。

③ 选定组织结构图中的“子公司”，右击，在弹出的快捷菜单中选择“下属”命令。

④ 重复步骤③再插入一个下属，并依次输入“药用种植业”和“园艺发展”。

⑤ 选定组织结构图，设置字体的对齐方式为左对齐，并缩放组织结构图到合适大小。

(3) 其操作步骤如下。

① 在文档的第四段中选定“荣誉”文字，选择“开始”选项卡→“段落”选项组→“下框线”按钮→“边框和底纹”命令，弹出“边框和底纹”对话框。

② 在“边框和底纹”对话框的“边框”选项卡，选择“方框”选项；设置线型为单波浪线。

③ 选择“边框和底纹”对话框的“底纹”选项卡，设置填充颜色为“浅青绿”。

④ 单击“确定”按钮。

(4) 其操作步骤如下。

① 将光标插入点放置在最后一段，单击“插入”选项卡→“文本”选项组→“对象”按钮，弹出“对象”对话框。

② 在“对象”对话框的“由文件创建”选项卡中，选择文件所在的目录 E:\模拟试题(二)\Word\picture，选择文件类型为“所有文件”，在列表框中选定待插入的文件 honor. txt。

③ 单击“确定”按钮。

(5) 其操作步骤如下。

① 选定新插入的三段文字，单击“开始”选项卡→“段落”选项组→“项目符号”按钮，在

打开的下拉列表中选择“定义新项目符号”选项，弹出“定义新项目符号”对话框。

② 单击“定义新项目符号”对话框中的“字符”按钮，弹出“符号”对话框。

③ 在“符号”对话框的“字体”下拉列表中选择 Wingdings，并在“字体代码”文本框中输入 117，如图 5-9 所示。

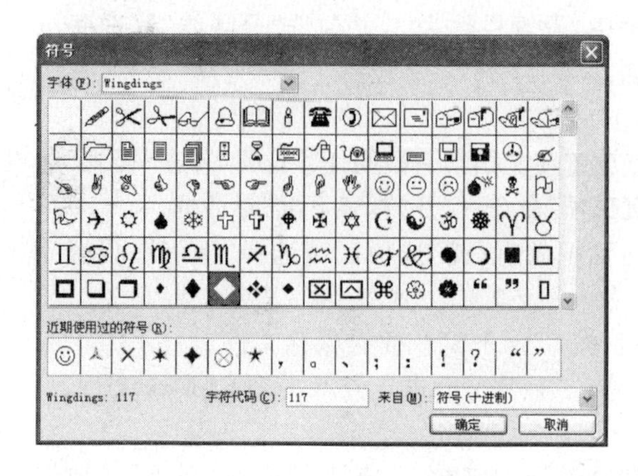

图 5-9 “符号”对话框

④ 单击“确定”按钮返回到“定义新项目符号”对话框。

⑤ 单击“确定”按钮，即可在选定的段落中插入符号字符“◆”的项目符号。

⑥ 按“Ctrl+S”快捷键保存文件。

四、Excel 操作题（共 5 题，共 22 分）

1. 打开 E:\模拟试题(二)\Excel 文件夹，选定并双击 201. xlsx 文件。

(1) 其操作步骤如下。

① 选定 A1 单元格，单击“开始”选项卡→“字体”选项组右下角的对话框启动器按钮，或者右击，在弹出的快捷菜单中选择“设置单元格格式”命令，弹出“设置单元格格式”对话框。

② 在“设置单元格格式”对话框的“字体”选项卡，设置字体为楷体_GB2312，字形加粗，字号 16 号，颜色为红色，并选中“删除线”复选框。

③ 单击“确定”按钮。

④ 选定单元格区域 A2:G2，单击“开始”选项卡→“字体”选项组右下角的对话框启动器按钮，在弹出的“设置单元格格式”对话框的“字体”选项卡设置字体颜色为橙色，字形加粗倾斜，字体为隶书，字号为 14 号，并在“下画线”下拉列表中选择“双下画线”。

⑤ 单击“确定”按钮。

(2) 其操作步骤如下：

① 选定单元格区域 G3:G9，单击“开始”选项卡→“字体”选项组右下角的对话框启动器按钮，弹出“设置单元格格式”对话框。

② 在“设置单元格格式”对话框的“填充”选项卡，单击“图案样式”下拉列表框，在列表框中选择“12.5%灰色”，并设置图案颜色为“蓝色”。

③ 单击“确定”按钮。

④ 按“Ctrl+S”快捷键保存文件。

2. 打开 E:\模拟试题(二)\Excel 文件夹,选定并双击 202. xlsx 文件。

(1) 其操作步骤如下。

① 在"赛跑成绩表"工作表中选定单元格 C2,单击"公式"选项卡→"函数库"选项组→"插入函数"按钮,或单击编辑栏上的"插入函数"按钮fx,弹出"插入函数"对话框。

② 在"插入函数"对话框的"或选择类型"下拉列表中选择"日期与时间",并在"选择函数"列表中选择小时函数 HOUR。

③ 单击"确定"按钮,打开"函数参数"对话框。

④ 在 Serial_number 编辑栏中输入单元格地址 B2,单击"确定"按钮。

⑤ 拖动填充柄将 C2 单元格内的函数复制到 C3:C8 单元格区域。

⑥ 选定单元格 D2,重复步骤①～⑤,选择 MINUTE 函数计算分钟数。

⑦ 选定单元格 E2,重复步骤①～⑤,选择 SECOND 函数计算秒数。

(2) 其操作步骤如下。

① 选定单元格 F2,单击"公式"选项卡→"函数库"选项组→"插入函数"按钮,或单击编辑栏上的"插入函数"按钮fx,弹出"插入函数"对话框,在"或选择类型"下拉列表中选择"统计",并在"选择函数"列表中选择 RANK。

② 单击"确定"按钮,弹出"函数参数"对话框。

③ 在"函数参数"对话框中,按图 5-10 所示分别设置函数的 3 个参数。

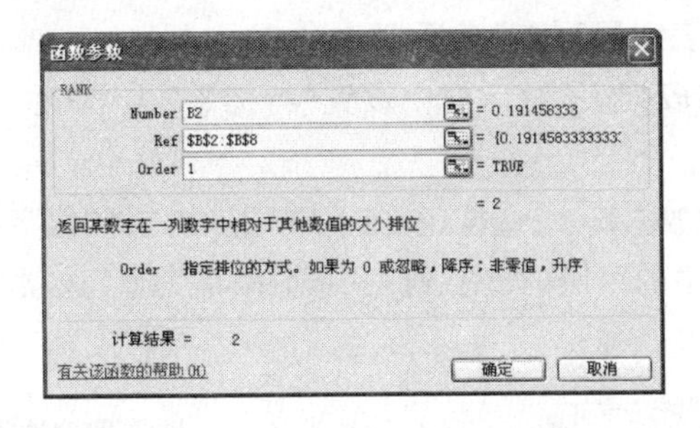

图 5-10 "RANK"函数参数

【说明】 由于 Ref 参数引用的是同数组,因此用绝对地址。

④ 单击"确定"按钮,拖曳填充柄将 F2 单元格内的函数复制到 F3:F8 单元格区域。

⑤ 按"Ctrl+S"快捷键保存文件。

3. 打开 E:\模拟试题(二)\Excel 文件夹,选定并双击 203. xlsx 文件。

(1) 其操作步骤如下。

① 首先,在 L2 开始的单元格区域建立筛选条件,如图 5-11 所示。

② 单击"数据"选项卡→"排序和筛选"选项组→"高级"按钮,弹出如图 5-12 所示的"高级筛选"对话框。

③ 在"高级筛选"对话框设置各个选项,如图 5-12 所示。

④ 单击 "确定"按钮,结果如图 5-11 所示。

	A	B	C	D	E	F	G	H	I	J	K	L	M
1	工资表												
2	编号	姓名	职务	年龄	性别	基本工资	补贴	津贴	扣款	应发工资		性别	职务
3	36001	艾小群	科员	25	女	450	580	66	320	776		男	副处长
4	36002	陈美华	副科长	32	女	700	920	78	460	1238			
5	36003	关汉瑜	科员	27	女	520	620	68	280	928			
6	36004	梅颂军	副处长	45	男	900	1020	82	600	1402			
7	36005	蔡雪敏	科员	30	女	680	640	70	500	890			
8	36006	林淑仪	副处长	36	男	790	840	80	400	1310			
9	36007	区俊杰	科员	24	男	470	600	58	350	778			
10	36008	王玉强	科长	32	男	700	760	78	200	1338			
11	36009	黄在左	处长	52	男	1200	1400	90	300	2390			
12	36010	朋小林	科长	28	男	680	780	82	400	1142			
13	36011	李静	科员	27	女	600	630	60	300	990			
14	36012	莒寺白	副科长	31	男	740	700	75	200	1315			
15	36013	白城发	科员	26	男	520	560	60	180	960			
16	36014	昌吉五	副处长	50	男	1000	1200	88	600	1688			
17													
18	编号	姓名	职务	年龄	性别	基本工资	补贴	津贴	扣款	应发工资			
19	36004	梅颂军	副处长	45	男	900	1020	82	600	1402			
20	36006	林淑仪	副处长	36	男	790	840	80	400	1310			
21	36014	昌吉五	副处长	50	男	1000	1200	88	600	1688			

图 5-11　筛选结果

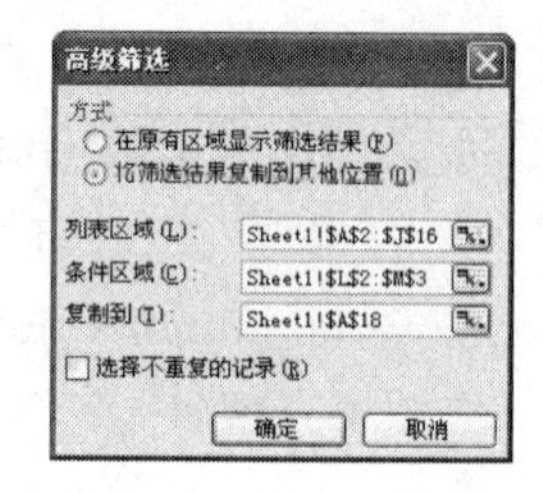

图 5-12　“高级筛选”对话框

⑤ 按“Ctrl＋S”快捷键保存文件。

4. 打开 E:\模拟试题(二)\Excel 文件夹，选定并双击 204. xlsx 文件。

(1) 其操作步骤如下：

① 在工作表中选定存放数据透视表起始位置的单元格 D12。单击“插入”选项卡→“表格”选项组→“数据透视表”按钮→“数据透视表”命令，弹出“创建数据透视表”对话框。

② 在对话框中的表/区域文本框中选择数据清单所在的单元格区域 A2:J9，单击“确定”按钮，弹出“数据透视表字段列表”对话框。

③ 在“数据透视表字段列表”对话框中设置“行标签”为“职称”字段，数值为“基本工资”字段，如图 5-13所示。

④ 单击对话框中的 求和项:基... ▾ 按钮，在下拉列表中选择“值字段设置”命令，弹出“值字段设置”对话框，在该对话框中的“计算类型”列表中选择“最大值”选项，如图 5-14 所示。单击“确定”按钮。

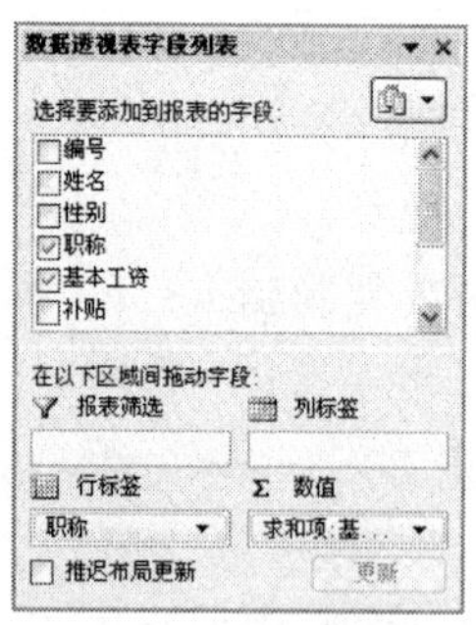

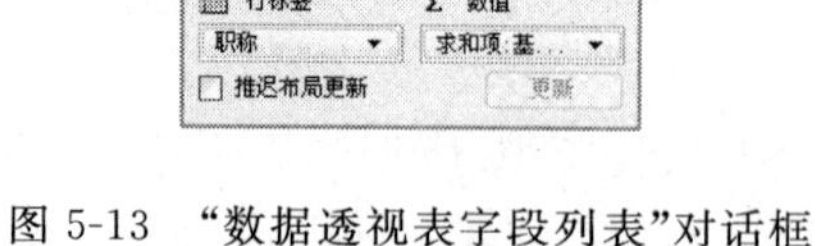

图 5-13　“数据透视表字段列表”对话框

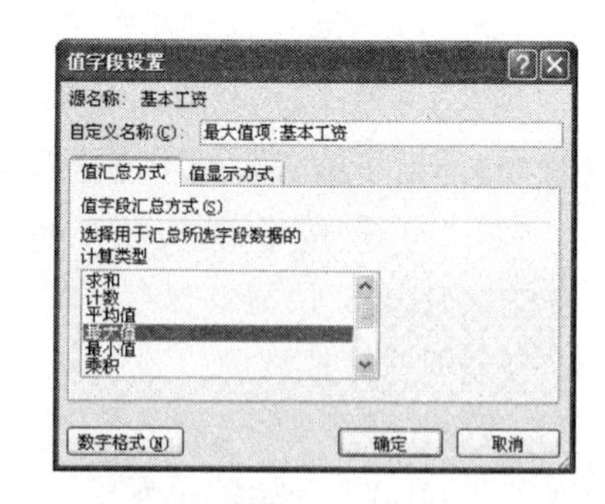

图 5-14　“值字段设置”对话框

⑤ 关闭“数据透视表字段列表”对话框，即可生成数据透视表，按“Ctrl＋S”快捷键保存文件。

5. 打开 E:\模拟试题(二)\Excel 文件夹，选定并双击 205. xlsx 文件。

(1) 其操作步骤如下。

① 单击“数据”选项卡→“排序和筛选”选项组→“排序”按钮，弹出 “排序”对话框。

② 在"排序"对话框中，设置排序的主要关键字为"类别"，次序为"升序"。

③ 单击"确定"按钮，即可对数据清单进行按"类别"字段升序排列。

④ 单击"数据"选项卡→"分级显示"选项组→"分类汇总"按钮，弹出"分类汇总"对话框。

⑤ 在"分类汇总"对话框中，设置分类字段为"类别"；设置汇总方式为"求和"；选定汇总项为"印数(册)"。

⑥ 单击"确定"按钮。

⑦ 单击"数据"选项卡→"分级显示"选项组→"分类汇总"按钮，在弹出"分类汇总"对话框中，设置分类字段为"类别"，设置汇总方式为"平均值"，选定汇总项为"印数(册)"，并取消"替换当前分类汇总"复选框。

⑧ 单击"确定"按钮。

五、PowerPoint 操作题（共 2 题，共 15 分）

1. 在资源管理器中打开 E:\ 模拟试题(二)\PowerPoint 文件夹，选定并双击 201.pptx 文件

(1) 其操作步骤如下。

① 在幻灯片视图窗格，将光标插入点放置在最后一张幻灯片的下方。

② 按回车键，即可插入一张幻灯片。

③ 单击"开始"选项卡→"幻灯片"选项组→"版式"按钮，在下拉列表中选择"空白"版式。

(2) 其操作步骤如下。

① 在第二张幻灯片中选定标题文本框，在"开始"选项卡→"字段"选项组中，单击字体下拉列表选择"黑体"；设置字号为 54 号；单击 B 按钮设置字体加粗；在 A 按钮的下拉列表中选择"其他颜色"，弹出"颜色"对话框。

② 在"颜色"对话框的"自定义"选项卡，设置红色、绿色、蓝色都为 255。

③ 单击"确定"按钮。

(3) 其操作步骤如下。

① 单击"切换"选项卡，在"切换到此幻灯片"选项组中选择"随机线条"按钮。

② 单击"效果选项"按钮，在下拉列表中选择"水平"；并在"计时"选项组设置"持续时间"为 10 秒。

③ 按"Ctrl+S"快捷键保存文件。

2. 打开 E:\ 模拟试题(二)\PowerPoint 文件夹，选定并双击 202.pptx 文件。

(1) 其操作步骤如下。

① 在第二幻灯片中选定图片，单击"动画"选项卡，在"动画"选项组中选择"飞入"选项。

② 在"自定义动画"任务窗格中单击 添加效果 按钮。

③ 单击"效果选项"按钮，在下拉列表中选择"自左侧"选项。

④ 单击"动画"选项组右下角的对话框启动器按钮，弹出"飞入"对话框，在对话框的"计时"选项卡的"期间(N)"下拉列表中选择"慢速(3 秒)"选项。

(2) 其操作步骤如下。

① 单击"幻灯片放映"选项卡→"设置放映方式"按钮，弹出"设置放映方式"对话框。

② 在"设置放映方式"对话框的"放映选项"区域中，取消勾选"循环放映，按 Esc 键终

止”复选框。

③ 单击“确定”按钮，按“Ctrl+S”快捷键保存文件。

六、网络题(共2题，共7分)

1. 其操作步骤如下。

① 在IE浏览器中输入FTP地址:ftp:// 202.116.44.67/。

② 按回车键，在打开页面的用户名和密码文本框中输入自己的考号。

③ 单击页面中的“登录”按钮。

④ 打开E:\模拟试题(二)\Windows文件夹，选定internet.pptx文件，按“Ctrl+C”快捷键复制该文件。

⑤ 在FTP站点中打开user/lw/doc文件夹，按“Ctrl+V”快捷键粘贴internet.pptx文件。

2. 其操作步骤如下。

① 在IE浏览器中输入网站地址：202.116.44.67:80/387/webpage.htm。

② 按回车键，在打开网页的搜索引擎文本框中输入“千年史册耻无名.htm”。

③ 单击网页中的“搜索”按钮。

④ 打开搜索到的网页“千年史册耻无名.htm”，选择“文件”→“保存”按钮，在打开的“保存”对话框选择文件保存目录“E:\模拟试题(二)\Windows”，在“保存类型”下拉列表中选择类型:网页，仅html，在文件名文本框中输入Emperor。

⑤ 单击“保存”按钮。

模拟试题(三) 答案

一、单选题(每小题1分，共15小题，共15分)

1. B　2. D　3. D　4. A　5. D　6. B　7. C　8. A

9. D　10. B　11. D　12. D　13. C　14. C　15. C

二、Windows操作题(每小题2.5分，共6小题，共15分)

1. 其操作步骤如下。

① 单击“开始”菜单→“所有程序”→“附件”→“记事本”，打开记事本应用程序。

② 在“记事本”窗口的工作区输入文本内容“恭贺伦敦奥运会中国运动健儿取得好成绩!”。

③ 选择“文件“菜单→“保存”命令，在打开的“另存为”对话框中选择保存的目录为E:\模拟试题(三)\Windows\DO，选择文件保存类型为.txt，设置文件名为YAYUN。

④ 单击“保存”按钮。

2.其操作步骤如下。

① 打开E:\模拟试题(三)\Windows\TESTDIR文件夹，选定ADVADU.HTR文件。

② 按“Ctrl+C”快捷键复制选定的文件。

③ 打开E:\模拟试题(三)\Windows\ITS95PC文件夹，按“Ctrl+V”快捷键粘贴文件

3. 其操作步骤如下。

① 打开E:\模拟试题(三)\Windows文件夹。

② 单击常用工具栏上的搜索按钮。

③ 在“要搜索的文件或文件夹名为”文本框中输入需要查找的文件名“MYGUANG.

TXT”。

④ 单击“立即搜索”按钮，即可搜索到文件“MYGUANG. TXT”。

⑤ 选定搜索到的文件“MYGUANG. TXT”，右击，在弹出的快捷菜单中选择“属性”命令，打开“属性”对话框。

⑥ 在“属性”对话框中勾选“隐藏”复选框，单击“确定”按钮。

4. 其操作步骤如下。

① 打开 E:\模拟试题(三)\Windows\HOT\HOT1\W\X\Y 文件夹。

② 选定文件 MYBOOK5. TXT，按键盘上的“Delete”键，在弹出的对话框中单击“是”按钮。

5. 其操作步骤如下。

① 打开 E:\模拟试题(三)\Windows\JINAN 文件夹。

② 选定 Release. txt 文件，按“Ctrl＋X”快捷键剪切选定的文件。

③ 打开 E:\模拟试题(三)\Windows\TESTDIR 文件夹。

④ 按“Ctrl＋V”快捷键粘贴文件。

6. 其操作步骤如下。

① 打开 E:\模拟试题(三)\Windows 文件夹。

② 单击常用工具栏上的 搜索 按钮。

③ 在“要搜索的文件或文件夹名为”文本框中输入待查找的文件夹名“DID3”。

④ 单击“立即搜索”按钮，即可搜索到文件夹“DID3”。

⑤ 选定搜索到的文件夹“DID3”，单击文件夹名，当文件夹名高亮显示时，输入新文件夹名“DMB”，按回车键。

三、Word 操作题(共 6 题，共 26 分)

1. 打开 E:\模拟试题(三)\Word 文件夹，选定并双击 301. docx 文件。其操作步骤如下。

① 单击“插入”选项卡→“表格”按钮→“插入表格”命令，弹出“插入表格”对话框。

② 在“插入表格”对话框中设置表格的列数为 4，行数为 7，单击“确定”按钮即创建好表格。

③ 选定第 1 行第 1 列的单元格，单击“设计”选项卡→“边框”按钮，弹出“边框和底纹”对话框。

④ 在对话框的“边框”选项卡中单击右下角的按钮即绘制好斜线表头。在斜线表头中插入两个水平文本框，并在两个文本框中分别输入内容“时间”和“车次”。

⑤ 按样张在表格中输入内容。

⑥ 选定表格中的所有内容，利用“开始”选项卡中“字体”选项组设置字体为宋体、字号为五号；右击，在弹出的快捷菜单中选择“单元格对齐方式”，并在子菜单中选择第二行第二列选项，即设置水平、垂直居中。

2. 打开 E:\模拟试题(三)\Word 文件夹，选定并双击 302. docx 文件。

(1) 其操作步骤如下。

① 将光标插入点放置在第三段的任意位置，单击“插入”选项卡→“文本”选项组→“文本框”按钮→“绘制竖排文本框”命令，或单击“插入”选项卡→“形状”按钮→“竖直文本框”按

钮。

② 按住鼠标左键拖曳方框，即可插入一个竖排文本框，在文本框中输入文字“埃及古金字塔”。

(2) 其操作步骤如下。

① 选定文本框，右击，在弹出的快捷菜单中选择“设置形状格式”命令，弹出“设置形状格式”对话框。

② 在“设置形状格式”对话框的“填充”选项，设置填充颜色为茶色；在对话框的“线条颜色”选项，设置颜色为绿色。

③ 单击“格式”选项卡→“排列”选项组→“位置”按钮→“其他布局选项”，弹出“布局”对话框，在对话框的“大小”选项卡中设置文本框高度的绝对值为 2.75 厘米、宽度的绝对值为 1 厘米。

④ 在“布局”对话框的“文字环绕”选项卡中，选择环绕方式为四周型。

⑤ 在“布局”对话框的“位置”选项卡中，设置水平对齐方式为相对于栏居中，垂直对齐方式为绝对位置在段落下侧 1 厘米。

⑥ 单击“确定”按钮。

3. 打开 E:\模拟试题(三)\Word 文件夹，选定并双击 303.doc 文件。

(1) 其操作步骤如下。

① 选定文档中的图片，右击，在打开的快捷菜单中选择“大小和位置”，弹出“布局”对话框。

② 在“大小”选项卡中，设置图片的高度、宽度缩放为 140%。

③ 在“文字环绕”选项卡中选择环绕方式为四周型，水平对齐方式为右对齐，设置环绕文字“只在左侧”。

④ 单击“确定”按钮。

(2) 其操作步骤如下。

① 单击“插入”选项卡→“页眉和页脚”选项组→“页眉”按钮→“编辑页眉”选项。

② 在文档的页眉处输入文字“福建乌龙茶”，单击“开始”选项卡→“段落”选项组上的按钮。

③ 在文档的页脚处输入文字“溢香沁腑”，单击“开始”选项卡→“段落”选项组上的按钮。

④ 在正文的任意位置双击，退出页眉和页脚的设置。

(3) 其操作步骤如下。

① 单击“页面布局”选项卡→“页面边框”按钮，弹出“边框和底纹”对话框。

② 选择“边框和底纹”对话框的“页面边框”选项卡，在“艺术型”下拉列表中选择“5 棵圣诞绿树”，并在宽度微调框输入 20 磅，如图 5-15 所示。

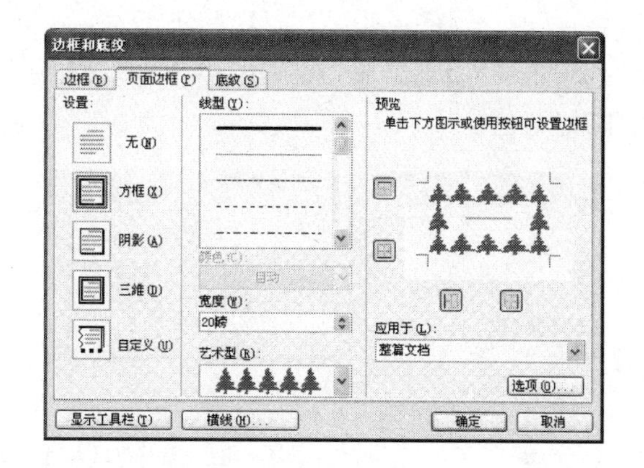

图 5-15 “边框和底纹”对话框

【说明】 如果 Word 当前未安装艺术型，则当用户单击“艺术型”下拉列表会打开安装消息框。

③ 单击“确定”按钮。

4. 打开 E:\模拟试题(三)\Word 文件夹，选定并双击 304.docx 文件。

(1) 其操作步骤如下。

① 选定文档的第一段文字，按键盘上的“Delete”键，将其删除。

② 在光标插入点输入文字“毕业论文写作流程”。

(2) 其操作步骤如下。

① 将光标插入点放置在文档第一段的任意位置，单击“开始”选项卡→“样式”选项组右下角的对话框启动器按钮，打开“样式”任务窗格。

② 单击列表中名称为“标题样式”的样式。

(3) 其操作步骤如下。

① 单击“页面布局”选项卡→“页面设置”选项组→“纸张方向”按钮→“横向”命令。

(4) 其操作步骤如下。

① 单击“插入”选项卡→“插图”选项组→“形状”按钮。

② 在下拉列表的“基本形状”中选择“圆角矩形”，在流程图需要补充的位置拖曳鼠标添加圆角矩形。

③ 选中圆角矩形，右击，在弹出的快捷菜单中选择“添加文字”命令，在光标插入点输入文字“审核初稿”。

④ 在下拉列表的“箭头总汇”中选择“右弧形箭头”，在流程图需要补充的位置拖曳鼠标添加右弧形箭头。

⑤ 选中右弧形箭头，右击，在弹出的快捷菜单中选择“添加文字”命令，在光标插入点输入文字“4”。

(5) 其操作步骤如下。

① 单击“插入”选项卡→“页眉和页脚”选项组→“页眉”按钮→“编辑页眉”选项，进入页眉编辑状态。

② 在页眉处输入“流程图”，单击“开始”选项卡→“段落”选项组上的按钮。

(6) 其操作步骤如下。

① 单击"页面布局"选项卡→"页面背景"选项组→"水印"按钮→"自定义水印"命令，弹出如图 5-16 所示的"水印"对话框。

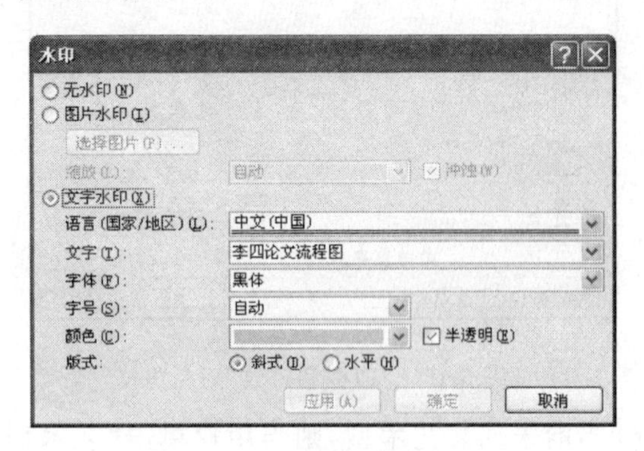

图 5-16 "水印"对话框

② 在"水印"对话框中，选择"文字水印"单选按钮，并在"文字"编辑框中输入文字"李四论文流程图"，在"颜色"下拉列表中选择"天蓝"。

③ 单击"确定"按钮。

④ 按"Ctrl+S"快捷键保存文件。

5. 打开 E:\模拟试题(三)\Word 文件夹，选定并双击 305.docx 文件。

(1) 其操作步骤如下。

① 选定文档第 1 段。

② 利用"开始"选项卡→"字体"选项组上的按钮设置字体为宋体、颜色为红色、字形为加粗、字号为小初，并单击居中按钮。

(2) 其操作步骤如下。

① 用鼠标拖动方法或按"Shift"键选定文档第 6 段和第 7 段。

② 在"开始"选项卡→"字体"选项组上设置字体为宋体、字形为加粗、字号为二号，并单击居中按钮。

(3) 其操作步骤如下。

① 选定文档第 4 段、第 9～14 段和第 18 段，在"开始"选项卡→"字体"选项组上设置字体为仿宋_GB2312、字号为三号。

② 按住"Ctrl"键，选定文档第 4、13、14 段，单击"段落"选项组上的右对齐按钮。

③ 选定第 10 段，右击，在弹出的快捷菜单中选择"段落"命令，弹出"段落"对话框。

④ 在"段落"对话框的"缩进和间距"选项卡中，选择"特殊格式"下拉列表中的"首行缩进"，并在"度量值"编辑框中输入"2 字符"。单击"确定"按钮。

(4) 其操作步骤如下。

① 选定文档第 17 段。

② 在"开始"选项卡→"字体"选项组上设置字形加粗、字号为三号。

(5) 其操作步骤如下。

① 单击"插入"选项卡→"插图"选项组→"形状"按钮→"线条"，选择直线按钮，在文

档的任意位置绘制两条水平直线。

② 选定两条水平直线，右击，在弹出的快捷菜单中选择“设置形状格式”命令，弹出“设置形状格式”对话框。

③ 在“设置形状格式”对话框的“线条”选项中，设置线条的颜色为红色；在“线型”选项中设置短画线类型为实线，宽度为 2.25 磅，单击“确定”按钮。

④ 右击，在弹出的快捷菜单中选择“其他布局选项”命令，弹出“布局”对话框，选择“大小”选项卡，设置线条的宽度为 14 厘米。

⑤ 选择“位置”选项卡，单击“高级”按钮，设置水平对齐方式为“相对于栏居中”；垂直对齐方式为绝对位置在页边距下侧 2 厘米，单击“确定”按钮。

⑥ 选定第二条直线，在“布局”对话框的“位置”选项卡中，设置垂直对齐方式为相对于页边距下对齐，单击“确定”按钮。

6. 打开 E:\模拟试题(三)\Word 文件夹，选定并双击 306.docx 文件。

(1) 其操作步骤如下。

① 单击“开始”选项卡→“编辑”按钮→“替换”命令，弹出“查找和替换”对话框。

② 在对话框的“查找内容”文本框中输入“是”，“替换为”文本框为空。

③ 单击“查找和替换”对话框中的“全部替换”按钮。

(2) 其操作步骤如下。

① 单击“开始”选项卡→“编辑”按钮→“替换”命令，弹出“查找和替换”对话框。

② 在对话框的“查找内容”文本框中输入“部门”，单击“更多(M)”按钮，接着单击“格式”按钮，在下拉列表中选择“字体”选项，弹出“查找字体”对话框。在“查找字体”对话框中勾选“删除线”复选框，单击“确定”按钮。

③ 在“替换为”文本框中输入“部门”单击“更多(M)”按钮，在下拉列表中选择“字体”选项，在打开的“替换字体”对话框中勾选“空心”和“阴影”复选框，单击“确定”按钮。

④ 单击“查找和替换”对话框中的“全部替换”按钮。

⑤ 单击“查找和替换”对话框右上角的关闭按钮。

⑥ 按“Ctrl+S”快捷键保存文件。

四、Excel 操作题(共 5 题，共 22 分)

1. 打开 E:\模拟试题(三)\Excel 文件夹，选定并双击 301.xlsx 文件。

(1) 其操作步骤如下。

① 选定工资表标签。

② 按住“Ctrl”键，同时按住鼠标左键拖曳鼠标到工作表 A 的后面，松开鼠标。

(2) 其操作步骤如下。

① 选定“工资表 (2)”工作表中 A2:H7 单元格区域。

② 单击“开始”选项卡→“套用表格格式”按钮，在下拉列表中选择“表样式浅色 13”样式。

③ 按“Ctrl+S”快捷键保存文件。

2. 打开 E:\模拟试题(三)\Excel 文件夹，选定并双击 302.xlsx 文件。

(1) 其操作步骤如下。

① 选定 E4 单元格。

② 在Excel的编辑栏中输入公式“="厚德楼"&RIGHT(D4,3)”,按回车键。

③ 拖动填充柄将E4单元格中的公式复制到E5:E25区域。

(2) 其操作步骤如下。

① 选定G4单元格。

② 单击“公式”选项卡→“插入函数”按钮,弹出“插入函数”对话框。

③ 在“插入函数”对话框中的“或选择类别”列表中选择“逻辑”,在“选择函数”列表中选择IF。

④ 单击“确定”按钮,打开如图5-17所示的“函数参数”对话框。

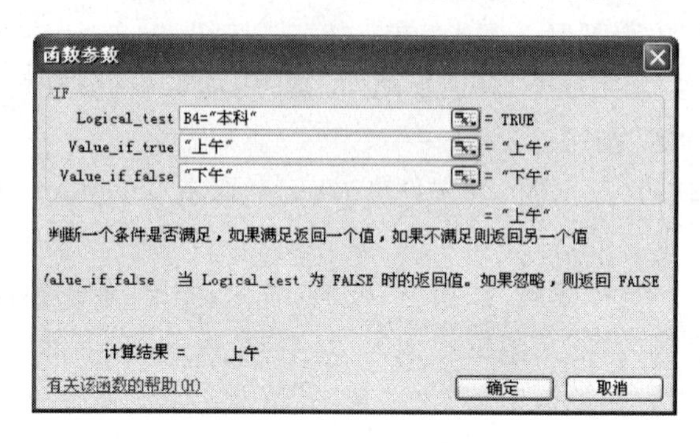

图5-17 “函数参数”对话框

⑤ 在“函数参数”对话框中设置IF函数的3个参数,见图5-17。

【说明】 文本型的需要用双引号("")括起来。

⑥ 单击“确定”按钮。

⑦ 将G4单元格内的公式复制到G5:G25区域。

(3) 其操作步骤如下。

① 选定单元格区域F4:F25。

② 右击,在弹出的快捷菜单中选择“设置单元格格式”命令,弹出“设置单元格格式”对话框。

③ 在“设置单元格格式”对话框的“数字”选项卡,选择“分类”列表中的“日期”选项,再在类型列表中选择“14-Mar01”,即日、月、年的日期格式。

④ 单击“确定”按钮。

3. 打开E:\模拟试题(三)\Excel文件夹,选定并双击303.xlsx文件。

(1) 其操作步骤如下。

① 选定“工资表”标签。

② 右击,在弹出的快捷菜单中选择“删除”命令。

③ 在打开的对话框中单击“是”按钮。

(2) 其操作步骤如下。

① 单击“数据”选项卡→“排序”按钮,弹出“排序”对话框。

② 在“排序”对话框的主要关键字下拉列表中选择“总价”,并勾选“降序”复选框。

③ 单击“确定”按钮,即可对数据清单按“总价”字段降序排列。

④ 单击“插入”选项卡→“图表”选项组→“饼图”按钮,在下拉列表中选择“饼图”选项。

⑤ 单击“设计”选项卡→“数据”选项组→“选择数据”按钮，弹出“选择数据源”对话框。

⑥ 在对话框的“图表数据区域”选择绘制图表的单元格区域，如图 5-18 所示。

⑦ 选定图表，在“设计”选项卡→“图表布局”选项组中选择“布局 6”。

⑧ 在图表“标题”中输入“书本数量比例”。选定图表标题，利用“开始”选项卡→“字体”选项组设置字号 14 号、字形加粗、颜色为蓝色，单击“确定”按钮。

⑨ 选定图例和数据标志，利用“开始”选项卡→“字体”选项组将字号设为 10；选定数量比列最大的数据系列，单击“开始”选项卡→“字体”选项组上的填充颜色按钮，在其下拉列表中选择红色。

4. 打开 E:\模拟试题(三)\Excel 文件夹，选定并双击 304. xlsx 文件。

(1) 其操作步骤如下。

① 选定数据清单中任意一个单元格。

② 单击“数据”选项卡→“排序”按钮，弹出“排序”对话框。

③ 在“排序”对话框中单击“添加条件”按钮，然后设置主要关键字为“职务工资”，并按升序排列；次要关键字为“生活津贴”，并按降序排列。

④ 单击“确定”按钮。

(2) 其操作步骤如下。

① 单击“数据”选项卡→“排序和筛选”选项组→“筛选”按钮。

② 在职称”字段下拉列表中选择“讲师”选项。

5. 打开 E:\模拟试题(三)\Excel 文件夹，选定并双击 305. xlsx 文件。

其操作步骤如下。

① 在工作表中选定单元格区域 C2:C13。

② 单击“数据”选项卡→“数据工具”→“数据有效性”按钮，在下拉列表中选择“数据有效性”命令，弹出“数据有效性”对话框。

③ 在“数据有效性”对话框的“设置”选项卡按如图 5-19 所示设置有效性条件。

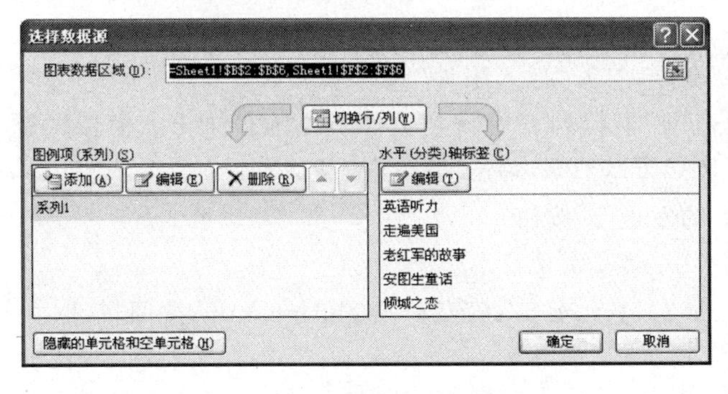

图 5-18 “选择数据源”对话框

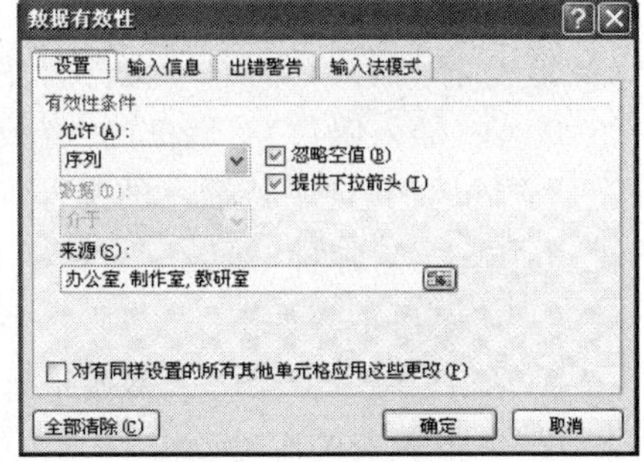

图 5-19 “数据有效性”对话框

④ 单击“确定”按钮，按“Ctrl＋S”快捷键保存文件。

五、PowerPoint 操作题(共 2 题，共 15 分)

1. 打开 E:\模拟试题(三)\PowerPoint 文件夹，选定并双击 301. pptx 文件。

(1) 其操作步骤如下。

① 选定第一张幻灯片，单击“开始”选项卡→“版式”按钮，在下拉列表中选择“标题和内

容”版式。

② 光标的插入点放在内容框，单击“插入”选项卡→“插图”选项组→“图表”按钮，任意选择一图表，单击“确定”按钮即可在内容框中插入一个图表。

（2）其操作步骤如下。

① 选定第三幻灯片的标题，右击，在弹出的快捷菜单中选择“超链接”命令，弹出“插入超链接”对话框。

② 在“插入超链接”对话框中，选择“链接到”列表中的“本文档中的位置”选项，并在“请选择文档中的位置”列表中选中第一张幻灯片。

③ 单击“确定”按钮。

④ 按“Ctrl＋S”快捷键保存文件。

2. 打开 E:\模拟试题（三）\PowerPoint 文件夹，选定并双击 301. pptx 文件。

（1）其操作步骤如下。

① 在第一张幻灯片中选定标题框。

② 单击“开始”选项卡→“字段”选项组上的加粗按钮，并在字号列表框中选择 88 号字。

（2）其操作步骤如下。

① 选定第二张幻灯片，单击“开始”选项卡→“版式”按钮，在下拉列表中选择“垂直排列标题与文本”版式。

② 按“Ctrl＋S”快捷键保存文件。

六、网络题（共 2 题，共 7 分）

1. 其操作步骤如下。

① 选择“开始”菜单→“所有程序”→“Outlook Express”程序，启动 Outlook Express 窗口。

② 单击 Outlook Express 窗口中创建邮件按钮，弹出“新邮件”对话框。

③ 在“新邮件”对话框的收件人文本框输入 lwtravel@163. com；抄送文本框输入 rt56@scnu. edu. cn，gogo@163. com；主题文本框输入 taiwan；内容中输入欣赏朦胧中的台湾美。

④ 选择“插入”菜单→“文件附件”命令，打开“插入附件”对话框。

⑤ 在“插入附件”对话框的“查找范围”下拉列表中找到文件所在的目录 E:\模拟试题（三）\Windows，选中待插入的文件 TRAVEL. JPG，单击“附件”按钮。

⑥ 单击“新邮件”对话框工具栏上的发送按钮。

2. 其操作步骤如下。

① 在 IE 浏览器中输入网站地址：202. 116. 44. 67：80/384/webpage. htm，按回车键。

② 单击免费的邮箱服务。

③ 按向导提示使用用户名：campus，密码：travel，身份证号码：自己的考试证号。申请免费邮箱。

模拟试题（四）答案

一、单选题（每题 1 分，共 15 小题，共 15 分）

1. D　2. D　3. C　4. A　5. D　6. C　7. C　8. A
9. A　10. B　11. B　12. D　13. D　14. A　15. B

二、Windows 操作题(每小题 2.5 分,共 6 小题,共 15 分)

1. 其操作步骤如下。

① 进入“E:\模拟试题(四)\WIN\DO”文件夹中,在窗体空白处右击,在弹出的快捷菜单中选择“新建”→“文本文档”命令。

② 右击刚新建的“记事本”,在弹出的快捷菜单中选择“重命名”命令,命名为“HONGKONG”,双击文件打开“HONGKONG”记事本,输入“庆祝香港回归十五周年-文艺晚会!”。

③ 按组合键“Ctrl+S”保存文件,然后关闭“记事本”程序。

2. 其操作步骤如下。

① 按照路径“E:\模拟试题(四)\WIN\TESTDIR”打开“TESTDIR”文件夹。

② 右击“ADVADU. HTR”文件,在弹出的快捷菜单中选择“复制”命令(也可以按“Ctrl+C”快捷键)。

③ 按照路径“E:\模拟试题(四)\WIN\ITS95PC”打开“ITS95PC”文件夹。

④ 在窗体的空白处右击,在弹出的快捷菜单中选择“粘贴”命令(也可以按“Ctrl+V”快捷键)。

3. 其操作步骤如下。

① 进入到“WIN”文件夹,单击工具栏的“搜索”按钮。

② 在“要搜索的文件或文件夹名为”的文本框中输入“SEEN3”,单击“立即搜索”按钮。

③ 在右边窗口中选择“SEEN3”文件夹,单击工具栏的“删除”按钮(也可以按“Delete”键或者在右击菜单中选择“删除”命令),在弹出的对话框中单击“是”按钮确认删除文件。

4. 其操作步骤如下。

① 打开“JINAN”文件夹,右击“QI. BMP”文件,在弹出的快捷菜单中选择“创建快捷方式”命令(也可以按下鼠标右键拖曳“QI. BMP”文件释放,在弹出的快捷菜单中选择“在当前位置创建快捷方式”命令)。

② 右击“QI. BMP”文件,在弹出的快捷菜单中选择“重命名”命令,命名为“TEMPLATE”(注意:快捷方式没有扩展名)。

③ 右击“QI. BMP”文件,在弹出的快捷菜单中选择“剪切”命令(也可以按“Ctrl+X”快捷键)。

④ 打开“TESTDIR”文件夹,在窗体的空白处右击,在弹出的快捷菜单中选择“粘贴”命令。

5. 其操作步骤如下。

① 进入“JINAN”文件夹,找到类型为“文本文档”的文件,查看文件类型的方法是:右击窗体空白处右击,在弹出的快捷菜单中选择“查看”→“详细信息”命令。

② 选中“Release. txt”,按“Ctrl+X”快捷键剪切文件。

③ 打开“TESTDIR”文件夹,按“Ctrl+V”快捷键粘贴文件。

6. 其操作步骤如下。

① 打开“WIN”文件夹,单击工具栏的“搜索”按钮。

② 在“要搜索的文件或文件夹名为”的文本框中输入“DID3”,单击“立即搜索”按钮。

③ 右击“DID3”文件夹,在弹出的快捷菜单中选择“重命名”命令,命名为“DMB”。

三、Word 操作题(共 6 题,共 26 分)

1. 其操作步骤如下。

① 打开 E:\ 模拟试题(四)\doc\401. docx。单击“插入”选项卡→“页眉和页脚”选项组→“页眉”按钮→“编辑页眉”。

② 在页眉区输入文字“第　页”,然后把光标定位到两字中间,单击“设计”选项卡→“页眉和页脚”选项组→“页码”按钮→“页面顶端”→“普通数字 1”;将光标插入点置于页脚处,输入文字“共　页”,在两字中间单击单击“设计”选项卡→“页眉和页脚”选项组→“页码”按钮→“页面底端”→“加粗显示的数字 1”,即插入 X/Y 格式的页码,接着删除“X/”部分,并设置字体颜色为“蓝色”。

③ 按“Ctrl+S”快捷键快速保存文件,并关闭文档。

2. 其操作步骤如下。

① 打开 E:\模拟试题(四)\doc\402. docx 文档。单击“插入”选项卡→“插图”选项组→“形状”按钮。

② 在下拉列表的“基本形状”中选择“椭圆”工具,在文档适当位置画一个正圆(在绘制同时按住“Shift”键)。

③ 选定圆并右击,在弹出的快捷菜单中选择“设置自选图形格式”命令,弹出“设置自选图形格式”对话框,在“线条与颜色”选项卡中设置线条颜色:红色;在“大小”选项卡中将“高度”和“宽度”设为“3 厘米”。

④ 右击圆,选择“添加文字”命令,输入“A”,设置字号为 3 号,对齐方式为居中。

⑤ 进入“设置自选图形格式”对话框,切换到“版式”选项卡,设置“A”的环绕方式为“浮于文字上方”。

⑥ 其他两个图形的画法相似,这里不再赘述。最后保存并按快捷键“Ctrl+W”关闭文档。

3. 其操作步骤如下。

① 打开 E:\模拟试题(四)\doc\403. docx 文档,选中要添加编号的文字(除标题以外)。

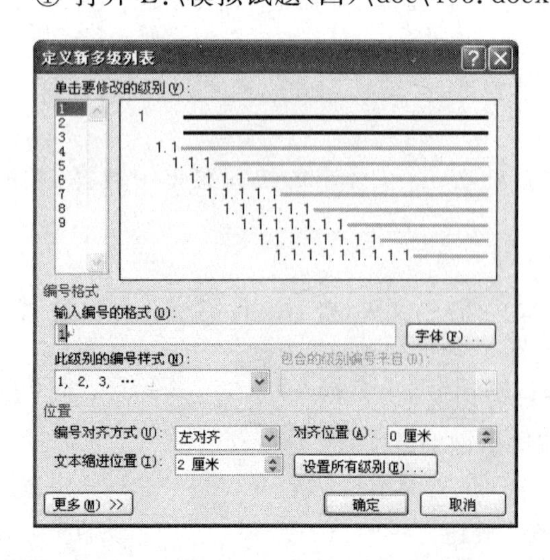

图 5-20　“定义新多级列表”对话框

② 单击“开始”选项卡→“段落”选项组→“多级列表”按钮,在下拉列表中选择“定义新多级列表”命令,弹出“定义新多级列表”对话框。

③ 在对话框中按如图 5-20 所示设置编号级别、编号样式、编号对齐方式、对齐位置、文本缩进位置等选项。

④ 使用同样的方法设置二级编号,并在“定义新多级列表”对话框中设置各个选项的值。

4. 打开 E:\ 模拟试题(四)\doc\404. docx 文档。

(1) 其操作步骤如下。

① 将光标插入点定位到“墓上有座小

庙”前(“墓上有座小庙”可用“查找”功能查找)。

② 单击“插入”选项卡→“插图”选项组→“图片”按钮，弹出“插入图片”对话框，在对话框中依照图片所在路径找到图片“1.JPG”，单击“插入”按钮。

③ 右击，在弹出的快捷菜单中选择“设置图片格式”命令，弹出“设置图片格式”对话框。选择“设置图片格式”对话框中的“版式”选项卡，“环绕方式”为“四周型”，“水平对齐方式”为“居中”。

④ 选择“设置图片格式”对话框中的“大小”选项卡，确保勾选“锁定纵横比”复选框，“缩放高度”设为“80%”，单击“确定”按钮完成设置。

⑤ 选择“设置图片格式”对话框中的“图片”选项卡，在“图像控制”选项组的“颜色”下拉列表中选择“灰度”。

⑥ 选择“设置图片格式”对话框中的“颜色与线条”选项卡，将“线条”选项组的“颜色”下拉列表中选择“红色”。

⑦ 按快捷键“Ctrl＋S”保存文件并关闭文档。

5. 打开 E:\ 模拟试题(四)\doc\405.docx 文档。其操作步骤如下。

单击“插入”选项卡→“插图”选项组→“形状”按钮，在下拉列表中的“流程图”图形中选择相应的流程图补充完整，并添加文字和设置字体颜色为红色。结果如图 5-21 所示。

(注：只要光标悬停在流程图上就会显示流程图的名称，在这里，可以找到“决策”和“终止”流程图。)

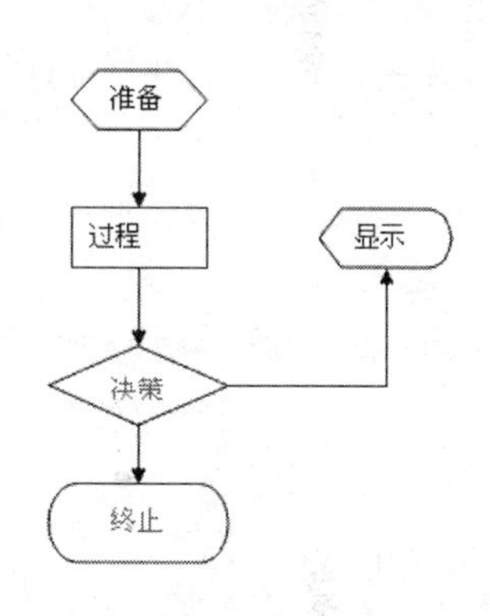

图 5-21　流程图结果

6. 打开 E:\模拟试题(四)\doc\406.docx 文档。

(1) 其操作步骤如下。

① 选定文档第 1 段。

② 利用“开始”选项卡→“字体”选项组上的按钮设置字体为宋体、颜色为红色、字形为加粗、字号为小初，并单击居中按钮。

(2) 其操作步骤如下。

① 用鼠标拖曳方法或按“Shift”键选定文档第 6、7 段。

② 在“开始”选项卡→“字体”选项组上设置字体为宋体、字形为加粗、字号为二号，并单击居中按钮。

(3) 其操作步骤如下。

① 选定文档第 4 段、第 9～14 段和第 18 段，在“开始”选项卡→“字体”选项组上设置字体为仿宋_GB2312、字号为三号。

② 按住“Ctrl”键，选定文档第 4、13、14 段，单击“段落”选项组上的右对齐按钮。

③ 选定第 10 段，右击，在弹出的快捷菜单中选择“段落”命令，弹出“段落”对话框。

④ 在“段落”对话框的“缩进和间距”选项卡中，选择“特殊格式”下拉列表中的“首行缩进”，并在“度量值”编辑框中输入“2 字符”。单击“确定”按钮。

(4) 其操作步骤如下。

① 选定文档第17段。

② 在"开始"选项卡→"字体"选项组上设置字形加粗、字号为三号。

四、Excel操作题(共5题,共22分)

1. 其操作步骤如下。

① 打开E:\模拟试题(四)\Excel\401.xlsx工作簿,在"Sheet2"工作表中选定存放数据透视表起始位置的单元格A18。单击"插入"选项卡→"表格"选项组→"数据透视表"按钮→"数据透视表"命令,弹出"创建数据透视表"对话框。

② 在对话框中的"表/区域"文本框中选择数据清单所在的单元格区域A2:J16,单击"确定"按钮,弹出"数据透视表字段列表"对话框。

③ 在"数据透视表字段列表"对话框中设置"列标签"为"性别"字段,"行标签"为"职务"字段,数值为"基本工资"字段,如图5-22所示。

④ 选定刚创建的数据透视表,右击,在弹出的快捷菜单中选择"数据透视表选项"命令,弹出"数据透视表选项"对话框,按如图5-23所示设置数据透视表的名称为"基本工资透视表",并去掉行总计和列总计。

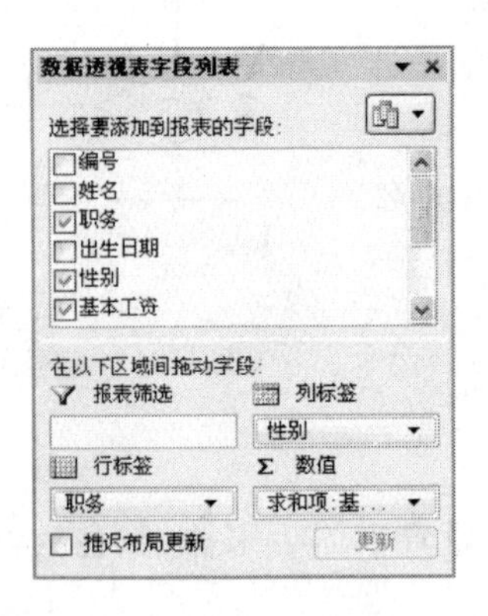

图5-22 "数据透视表字段列表"对话框

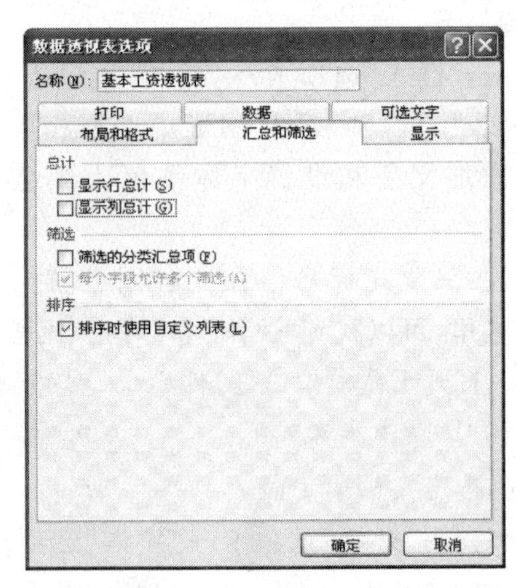

图5-23 "数据透视表选项"对话框

⑤ 单击"确定"按钮完成透视表的设置,按"Ctrl+S"快捷键保存文件。

2. 其操作步骤如下。

① 打开E:\模拟试题(四)\Excel\402.xlsx工作簿,将光标定位到"B5"单元格。

② 单击编辑栏左边的"插入函数"按钮fx,在插入函数类别中选择"财务"函数,然后选择"PMT"函数。

③ 各参数设置:Rate:B2/12;Nper:B3*12;Pv:0;Fv:B4,即设置参数后的公式为:=PMT(B2/12,B3*12,0,B4)。单击"确定"按钮,结果为:¥-129.08。

④ 保存并关闭文档。

3. 其操作步骤如下。

(1) 打开E:\模拟试题(四)\Excel\403.xlsx工作簿。

① 右击A1单元格,在弹出的快捷菜单中选择"设置单元格格式"命令。在对话框中选

择“字体”选项卡，设置格式：红色加粗，字体为楷体_GB2312，字号16，有删除线。

② 选择A1:G1单元格并右击，在弹出的快捷菜单中选择“设置单元格格式”命令，单击“对齐”选项卡，在“水平对齐”下拉列表中选择“跨列居中”，单击“确定”按钮完成设置。

③ 保存并关闭文档。

(2) 选择B3:B9单元格，右击，在弹出的快捷菜单中选择“设置单元格格式”命令。在对话框中选择“填充”选项卡，将“图案颜色”设为“紫色”，“图案样式”设为“6.25%灰色”，单击“确定”按钮完成设置。

4. 打开E:\ 模拟试题(四)\Excel\404.xlsx工作簿。其操作步骤如下。

① 建立条件。在L2单元格输入“姓名”，在L3单元格写上“林*”，在M2单元格输入“性别”，在L2单元格输入“女”。

② 单击数据表的某一个单元格(不要选择标题)，单击“数据”选项卡→“排序和筛选”选项组→“高级”按钮，弹出“高级筛选”对话框。

③ 在对话框中，“方式”选择“将筛选结果复制到其他位置”；“列表区域”已自动选上，但应确定正确与否；“条件区域”选择“L2:M3”；把光标定位在“复制到”一栏中，单击A18单元格，如图5-24所示，单击“确定”按钮完成筛选。

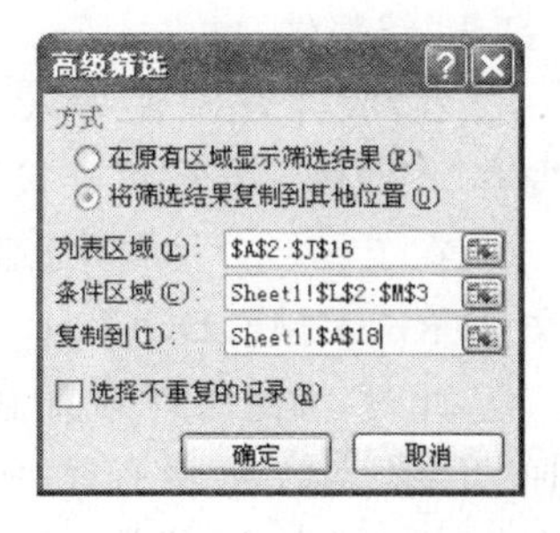

图5-24 “高级筛选”对话框

④ 保存并关闭文档。

5. 打开E:\模拟试题(四)\Excel\405.xlsx工作簿。

(1) 其操作步骤如下。

① 进入“工资表”工作表，把光标定位到G3单元格，输入公式：=sum(C3:F3)，按回车键。

② 拖曳G3单元格右下角的填充柄，将公式复制到G4:G7单元格。

(2) 选择G2:G7单元格，按“Ctrl+C”快捷键复制单元格内容。进入“A”工作表，将光标定位到A1单元格并右击，在弹出的快捷菜单中选择“选择性粘贴”命令，在弹出的对话框中选择“数值”单选按钮，单击“确定”按钮。

(3) 按“Ctrl+S”快捷键保存文件并退出Excel程序。

五、PowerPoint操作题(共2题，共15分)

1. 其操作步骤如下。

(1) 打开演示文稿E:\模拟试题(四)\PowerPoint\401.pptx，选中第一张幻灯片的标题文本框，右击，在弹出的快捷菜单中选择“超链接”命令，弹出“插入超链接”对话框，在“链接到”选项中选择“电子邮件地址”，在“电子邮件地址”文本框中输入“mailto:beijing@163.com”，“主题”文本框中输入“演示文稿”，单击“屏幕提示”按钮，输入“考试”并单击“确定”按钮返回，单击“确定”按钮完成设置。

(2) 切换到第三张幻灯片，选择声音文件(喇叭图标)，按“Delete”键删除。保存并关闭文档。

2. 其操作步骤如下。

(1) 打开演示文稿E:\模拟试题(四)\PowerPoint\402.pptx，单击副标题，输入文字“平民超静音空调”，单击“开始”选项卡→“字体”选项组，设置字体格式：宋体、加粗并倾斜，44号字。

(2) 单击“开始”选项卡→“幻灯片”选项组→“版式”按钮，在下拉列表中选择“垂直排列标题与文本”版式；单击含“消费者”文本的文本框，选择“动画”选项卡→“动画”选项组中的“飞入”按钮，然后单击“效果选项”按钮，在下拉列表中选择“自底部”。按“Ctrl＋S”快捷键保存文件。

六、网络题(共 2 题，共 7 分)

1. 其操作步骤如下。

打开 IE 浏览器，在地址栏输入网站地址 202.116.44.67:80/387/webpage.htm 登录，在“搜索”框中输入网页名称进行搜索；从菜单栏选择“文件”→“另存为”，按要求在对话框中选定文件下载路径、输入文件名“Emperor”、保存类型为“HTML”，单击“保存”按钮完成操作。

2. 其操作步骤如下。

① 在“开始”菜单找到 OutLookExpress 程序并运行，选择“文件”→“新建”→“邮件”命令，打开“新邮件”窗口。

② 在“收件人”一栏输入“dns@187.com”，在“主题”一栏输入“link”，在内容填写区输入内容“青藏铁路与印度连接”。

③ 在工具栏中找到“为邮件附加文件”按钮，从路径“E:\模拟试题(四)\Windows”下选择文件“RESUME.DOC”。

④ 此时，发送邮件界面为活动窗口，按“Alt＋PrintScreen”快捷键复制当前活动窗口，选择“开始”菜单→“所有程序”→“附件”→“画图”命令打开画图程序，按“Ctrl＋V”快捷键粘贴图片，选择“文件”菜单→“保存”命令，在弹出的“保存为”对话框中，选择“E:\模拟试题(四)\Windows”为保存路径，在“文件名”一栏中填写“RESUME”，在“保存类型”下拉列表中选择“GIF(*.GIF)”，单击“保存”按钮。

模拟试题(五) 答案

一、单选题(每小题 1 分，共 15 小题，共 15 分)

1. A　2. B　3. B　4. A　5. A　6. A　7. D　8. D　9. A
10. D　11. A　12. B　13. A　14. C　15. C

二、Windows 操作题(每小题 2.5 分，共 6 小题，共 15 分)

1. 其操作步骤如下。

① 打开 E:\模拟试题(五)\Windows\CREAT\beset 文件夹。

② 右击，在弹出的快捷菜单中选择“新建”→“新文件夹”命令。

③ 输入文件夹名“fj”。

2. 其操作步骤如下。

① 打开 E:\模拟试题(五)\Windows 文件夹。

② 单击常用工具栏上的 搜索 按钮。

③ 在“要搜索的文件或文件夹名为”文本框中输入需要搜索的文件为：*.A。

④ 单击“立即搜索”按钮，即可搜索到 E:\模拟试题(五)\Windows 目录中扩展名为“.A”的所有文件。

⑤ 选定搜索到的文件，按“Ctrl＋X”快捷键剪切选定的文件。

⑥ 打开 E:\模拟试题(五)\Windows\TRANS\MOVING 文件夹，按“Ctrl＋V”快捷键粘贴文件。

3. 其操作步骤如下。

① 打开 E:\模拟试题(五)\Windows\SPEED 文件夹。

② 选定“quick. gif”文件，右击，在打开的快捷菜单中选择“创建快捷方式”。

③ 将 quick. gif 所创建的快捷方式重命名为“sh”，选定 sh 文件，按“Ctrl＋X”快捷键剪切选定的快捷方式文件。

④ 打开 E:\模拟试题(五)\Windows 文件夹，按“Ctrl＋V”快捷键粘贴快捷方式文件“sh”。

4. 其操作步骤如下。

① 打开 E:\模拟试题(五)\Windows\RENAME 文件夹。

② 选定 hard 文件，右击，在打开的快捷菜单中选择“重命名”，输入新文件名“rt. w”。

5. 其操作步骤如下。

① 打开 E:\模拟试题(五)\Windows\文件夹。

② 选定 quest. txt 文件，按“Ctrl＋C”快捷键复制选定的文件。

③ 打开 E:\模拟试题(五)\Windows\REPEATE\COPY 文件，按“Ctrl＋V”快捷键粘贴文件。

6. 其操作步骤如下。

① 打开 E:\模拟试题(五)\Windows 文件夹。

② 单击常用工具栏上的 搜索 按钮。

③ 在“要搜索的文件或文件夹名为”文本框中输入需要搜索的文件为：V＊. txt。

④ 单击“立即搜索”按钮，即可搜索到 E:\模拟试题(五)\Windows 目录中扩展名为“. txt”的所有文件。

⑤ 选定搜索到的文件，按“Delete”快捷键删除选定的文件。

三、Word 操作题(共 6 题，共 26 分)

1. 打开 E:\模拟试题(五)\Word 文件夹，选定并双击 501. docx 文件。

(1) 其操作步骤如下。

① 将光标插入点文档的开始处，按回车键给文档增加一个段落。

② 将光标插入点置于刚插入的空白段落中，输入标题“清官的数字雅号”。

③ 单击“开始”选项卡→“样式”选项组，在样式列表中单击“标题 1”样式。

④ 单击“开始”选项卡→“段落”选项组→“居中”按钮，将标题设置为居中显示。

(2) 其操作步骤如下。

① 选定文档的正文，单击“开始”选项卡→“字体”选项组→“清除格式”按钮，清除正文中所有格式。

② 右击，在弹出的快捷菜单中选择“段落”选项，或单击“开始”选项卡→“段落”选项组右下角的对话框启动器按钮，弹出“段落”对话框。

③ 在对话框中设置“特殊格式”为“首先缩进”，磅值为“3 字符”；“行距”下拉列表框中选择“多倍行距”，“设置值”微调框中输入“1.7”，单击“确定”按钮。

④ 选定文档正文第三段文字，右击，在弹出的快捷菜单中选择“字体”选项，或单击“开始”选项卡→“字体”选项组右下角的对话框启动器按钮，弹出“字体”对话框。切换到“高级”

选项卡，在“间距”下拉列表中选择“加宽”，“磅值”微调框中输入“2 磅”，单击“确定”按钮。

⑤ 保存文档并关闭。

2. 打开 E:\模拟试题(五)\Word 文件夹，选定并双击 501. docx 文件。

(1) 其操作步骤如下。

① 单击“插入”选项卡→“页眉和页脚”选项组→“页眉”按钮，在下拉列表中选择“编辑页眉”选项。

② 在页眉处输入“古代清官”，选定页眉内容后，设置其字体格式为宋体四号，对齐方式为居中对齐。

③ 单击“插入”选项卡→“页眉和页脚”选项组→“页码”按钮，在下拉列表中选择“页面底端”→“普通数字 1”。

④ 单击“插入”选项卡→“页眉和页脚”选项组→“页码”按钮，在下拉列表中选择“设置页码格式”，弹出“页面格式”对话框。

⑤ 在对话框的“编号格式”下拉列表中选择“壹、贰、叁……”，并将对齐方式设为“居中”。保存文档并关闭。

(2) 其操作步骤如下。

① 将光标插入点置于正文最后一段任意一位置，单击“插入”选项卡→“文本”选项组→“首字下沉”按钮，在下拉列表中选择“首字下沉选项”，弹出“首字下沉”对话框。

② 在对话框中的“位置”选项中选择“下沉”；“下沉行数”微调框中输入 2，单击“确定”按钮。

③ 选定文档最后一段(注：不包含下沉的字)，单击“页面布局”选项卡→“页面设置”选项组→“分栏”按钮，在下拉列表中选择“更多分栏”选项，弹出“分栏”对话框。在对话框中选择“两栏”，并勾选“分隔线”复选框。

④ 保存文件并关闭。

3. 打开 E:\模拟试题(五)\Word 文件夹，选定并双击 501. docx 文件。

(1) 其操作步骤如下。

① 单击“开始”选项卡→“编辑”按钮，在下拉列表中选择“替换”选项，弹出“查找和替换”对话框。

② 在对话框的“查找内容”下拉列表框中输入一个空格，“替换为”下拉列表框中不输入内容，单击“全部替换”按钮，即可删除文档中所有空格。

③ 单击“开始”选项卡→“编辑”按钮，在下拉列表中选择“替换”选项，弹出“查找和替换”对话框。在对话框的“查找内容”和“替换为”下拉列表框中输入“清官”。

④ 单击“更多”按钮，在展开的对话框中单击“格式”按钮，并在下拉列表中选择“字体”选项，弹出“替换字体”对话框。

⑤ 在“替换字体”对话框中按如图 5-25 所示设置字体格式为绿色、四号、黑体、倾斜、着重号。

⑥ 单击“查找字体”对话框的“确定”按钮，返回到“查找和替换”对话框，其结果如图 5-26所示。

图 5-25　“替换字体”对话框

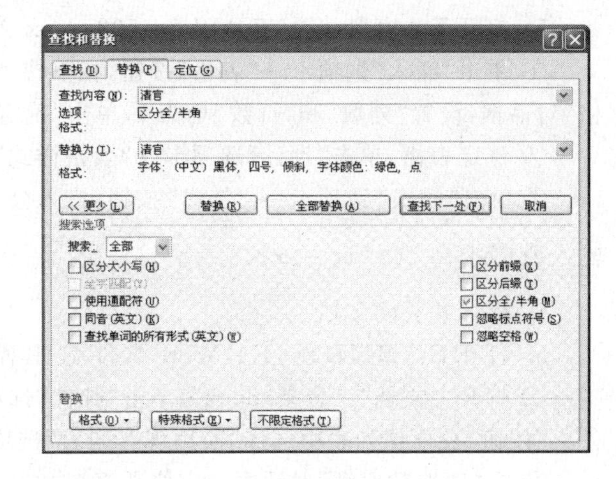

图 5-26　“查找和替换”对话框

⑦ 单击“查找和替换”对话框中的“全部替换”按钮，单击“确定”按钮。保存文档并关闭。

(2) 其操作步骤如下。

① 单击“插入”选项卡→“图片”按钮，弹出“插入图片”对话框。

② 在对话框选定要插入的图片清官.jpg，单击“插入”按钮。

③ 选定图片通过拖放调整大小，使其刚好覆盖正文前三段内容，右击，在打开的快捷菜单中选择“大小和位置”选项，弹出“布局”对话框。

④ 切换到“文字环绕”选项卡，选择环绕方式为“衬于文字下方”，单击“确定”按钮。

⑤ 选定图片右击，在弹出的快捷菜单中选择“设置图片格式”选项，弹出“设置图片格式”对话框。在对话框中选择“图片颜色”选项，在对话框右侧的“重新着色”选项组的“预设”下拉列表中选择“冲蚀”，单击“确定”按钮。

⑥ 选定图片，单击“格式”选项卡→“图片样式”选项卡→“图片边框”按钮，在下拉列表中设置边框的颜色为“蓝色”、粗细为“3 磅”、虚线为“圆点线”。

⑦ 保存文件并关闭。

4. 打开 E:\模拟试题(五)\Word 文件夹，选定并双击 502.docx 文件，其操作步骤如下。

① 选定标题，利用“开始”选项卡→“字体”选项组设置字体的格式为黑体、二号，文本效果为“填充-白色，渐变轮廓-强调文字颜色 1”。利用“开始”选项卡→“段落”选项组设置对齐方式为“居中”。

② 单击“插入”选项卡→“文本”选项卡→“文本框”按钮，在下拉列表中选择“简单文本框”，将标题复制到文本中。选定文本框，单击“格式”选项卡→“形状样式”选项卡→“形状轮廓”按钮，在下拉列表中选择标准色蓝色；单击“形状样式”选项卡中的“形状填充”按钮，在下拉列表中选择“渐变”→“线性向下”选项。

③ 选定文档正文，利用“字体”选项组设置字体格式为楷体_GB2312、小三号；利用“段落”对话框设置各段落左、右各缩进 1 厘米，首行缩进两个字符，行距为 1.5 倍行距。

④ 保存并关闭文档。

5. 打开 E:\模拟试题(五)\Word\502. docx 文档,其操作步骤如下。

① 单击"插入"选项卡→"表格"按钮,在下拉列表中选择"插入表格"选项,弹出"插入表格"对话框,设置"列数"和"行数"均为 4,单击"确定"按钮。

② 选定表格,单击"设计"选项卡→"表格样式"选项组中的"彩色型 3"。

③ 单击"插入"选项卡→"公式"按钮,进入公式编辑状态,利用"设计"选项卡中的工具输入公式:$\int_0^1 \ln f(x)\mathrm{d}x = x^3$ 。

④ 保存并关闭文档。

6. 打开 E:\模拟试题(五)\Word 文件夹,其操作步骤如下。

① 打开主文档"工资条. docx",单击"邮件"选项卡→"开始邮件合并"选项组→"选择收件人"按钮,在下拉列表中选择"使用现有列表"选项,弹出"选取数据源"对话框。

② 在"选取数据源"对话框中定位数据源文件所在目录"E:\模拟试题(五)\Word",选定数据源文件"职员表. xlsx",单击"打开"按钮。

③ 使用"邮件"选项卡→"编写和插入域"选项组→"插入合并域"按钮,在主文档的姓名、性别、部门、工龄、工作时数、小时报酬、薪水依次插入对应的域。

④ 单击"邮件"选项卡→"完成"选项组→"完成并合并"按钮,在下拉列表中选择"编辑单个文档"选项,弹出"合并到新文档"对话框。

⑤ 在"合并到新文档"对话框中选中"全部"单选按钮,单击"确定"按钮。

⑥ 按"Ctrl+S"快捷键保存合并后的新文档,文件名为"职员工资条汇总. docx"。

四、Excel 操作题(共 5 题,共 22 分)

1. 打开 E:\模拟试题(五)\Excel 文件夹,选定并双击 501. xlsx 文件。其操作步骤如下。

① 双击"基本操作"工作表标签,输入"华润超市商品销售统计表"。将鼠标置于"华润超市商品销售统计表"工作表标签上,按住鼠标左键将其拖曳到工作簿最后,松开鼠标左键。

② 选定单元格 A2,在编辑栏输入:'001,拖曳填充柄到 A6 来填充其他商品编号。

③ 选定单元格 E2,在编辑栏输入公式:=C2 * D2,按回车键计算出电视机的销售额;拖曳填充柄到 E6 以计算其他商品的销售额。

④ 选定单元格 G2,在编辑栏输入公式:=E2-F2,按回车键计算出电视机的利润;拖曳填充柄到 G6 以计算其他商品的利润。

⑤ 按"Ctrl+S"快捷键保存文档。

2. 打开 E:\模拟试题(五)\Excel 文件夹,选定并双击 501. xlsx 文件。其操作步骤如下。

① 切换到"华润超市商品销售统计表"工作表,选定表格第一行,右击,在弹出的快捷菜单中选择"插入",即在工作表第一行的上方插入一行。

② 选定 A1:G1 单元格区域,单击"开始"选项卡→"对齐方式"选项组→"合并后居中"按钮。利用"开始"选项卡→"字体"选项组设置字体格式为隶书、红色、22 号字号、加粗,底纹填充颜色为浅蓝色。

③ 选定 D3:D7 单元格区域,单击"开始"选项卡→"样式"选项组→"条件格式"按钮,在下拉列表中选择"突出显示单元格规则"→"小于"选项,弹出"小于"对话框,在文本框中输入"300",在"设置为"下拉列表中选择"自定义格式",在弹出的"设置单元格格式"对话框中设

置字体格式为加粗、红色，单击“确定”按钮返回到“小于”对话框，单击“确定”按钮。以同样的方法设置销售量在500(包含500)以上的数字设置为蓝色、加粗。

④ 保存文档并关闭。

3. 打开E:\模拟试题(五)\Excel文件夹，选定并双击502. xlsx文件。操作步骤如下。

① 根据题目要求在指定的单元格区域建立条件区域，如图5-27所示。

② 将光标插入点置于数据清单中的任意位置，单击“数据”选项卡→“排序和筛选”选项组→“高级”按钮，弹出“高级筛选”对话框。

③ 在“高级筛选”对话框中按如图5-28所示设置各个选项，单击“确定”按钮，筛选结果见图5-27。

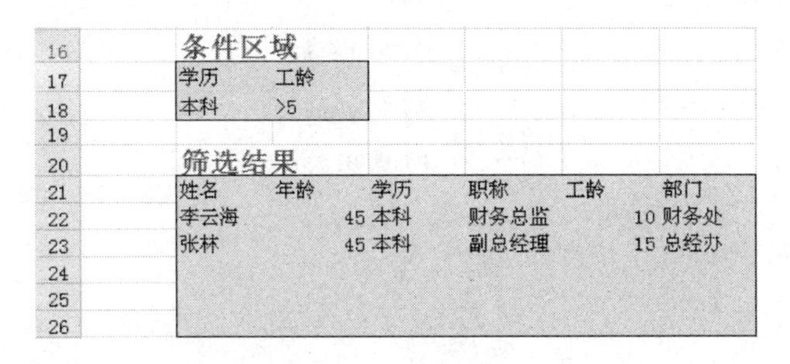

图5-27　条件区域及筛选结果

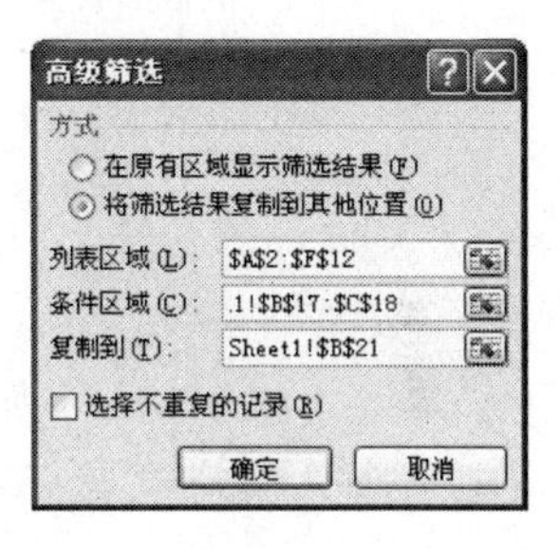

图5-28　“高级筛选”对话框

④ 按“Ctrl+S”快捷键保存文件。

4. 打开E:\模拟试题(五)\Excel文件夹，选定并双击503. xlsx文件。其操作步骤如下。

① 将光标插入点置于数据清单的任意一个单元格，单击“数据”选项卡→“排序和筛选”选项组→“排序”按钮，弹出“排序”对话框。在“主要关键字”下拉列表中选择“部门”，“次序”下拉列表中选择“升序”，单击“确定”按钮，完成将数据清单按“部门”升序排序。

② 将光标插入点置于数据清单的任意一个单元格，单击“数据”选项卡→“分级显示”选项组→“分类汇总”按钮，弹出“分类汇总”对话框。按如图5-29所示设置“分类汇总”对话框的各个选项，单击“确定”按钮，汇总出不同部门的人数。

③ 将光标插入点置于数据清单的任意一个单元格，单击“数据”选项卡→“分级显示”选项组→“分类汇总”按钮，弹出“分类汇总”对话框。按如图5-30所示设置“分类汇总”对话框的各个选项，单击“确定”按钮，汇总出不同部门的平均年龄。

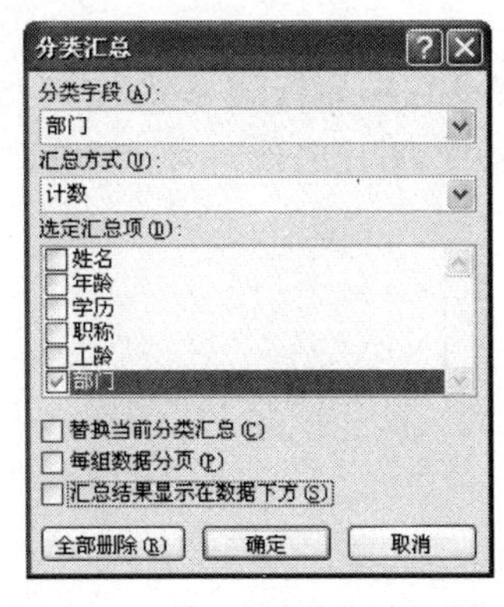

图5-29　汇总不同部门的人数

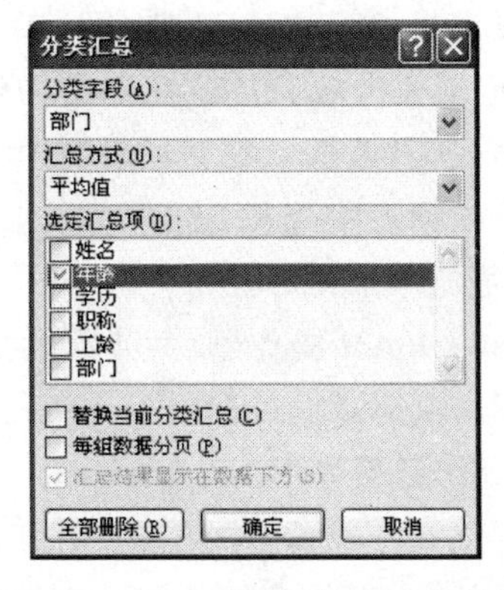

图5-30　汇总不同部门的平均年龄

④ 汇总后的结果如图 5-31 所示。保存文件并关闭。

	A	B	C	D	E	F
1	人事档案表					
2	姓名	年龄	学历	职称	工龄	部门
3	刘海	26	大专	会计	3	财务处
4	李云海	45	本科	财务总监	10	财务处
5	李闰萌	30	本科	出纳	3	财务处
6		33.66667				**财务处 平均值**
7					**财务处 计数**	3
8	张云翔	30	本科	监理员	5	工程处
9		30				**工程处 平均值**
10					**工程处 计数**	1
11	刘宇林	22	大专	微机管理员	2	技术处
12	李守林	45	大专	微机管理员	2	技术处
13		33.5				**技术处 平均值**
14					**技术处 计数**	2
15	李德琴	35	大专	销售助理	3	销售处
16	孙小美	26	大专	销售员	2	销售处
17	张海燕	27	大专	销售员	2	销售处
18		29.33333				**销售处 平均值**
19					**销售处 计数**	3
20	张林	45	本科	副总经理	15	总经办
21		45				**总经办 平均值**
22					**总经办 计数**	1
23		33.1				**总计平均值**
24					**总计数**	14

图 5-31　汇总结果

5. 打开 E:\模拟试题(五)\Excel 文件夹，选定并双击 504. xlsx 文件。其操作步骤如下。

① 单击“插入”选项卡→“图表”选项组→“饼图”按钮，在下拉列表中选择“分离型三维饼图”选项，进入图表编辑状态。

② 选定图表空白区，单击“设计”选项卡→“数据”选项组→“选择数据”按钮，弹出“选择数据源”对话框。在对话框中的“图表数据区域”选择制作图表的数据：=Sheet1! $A $3：$A $7，Sheet1! $C $3：$C $7，单击“确定”按钮。

③ 单击“布局”选项卡→“标签”选项组→“图表标题”按钮，在下拉列表中选择“图表”上方，输入标题“全球笔记本市场前 5 大厂家销售表”。选定图表并设置字体为宋体、字号为 12。选定标题并设置字体为黑体、字号为 20。

④ 单击“布局”选项卡→“标签”选项组→“图例”按钮，在下拉列表中选择“在右侧显示图例”选项，按“Ctrl+S”快捷键保存文件。

⑤ 在图表区域选定“数据系列”，右击，在弹出的快捷菜单中选择“设置数据标签格式”选项，弹出“设置数据标签格式”对话框。在对话框的“标签选项”选项组，勾选“类别名称”和“百分比”复选框，单击“确定”按钮。

⑥ 选定图表区域，右击，在弹出的快捷菜单中选择“设置图表区域格式”选项，弹出“设置图表区格式”对话框。在对话框的“填充”选项组中，选中“图片或纹理填充”单选按钮，并在“纹理”下拉列表中选择“水滴”，单击“确定”按钮。

⑦ 保存文件并关闭。

五、PowerPoint 操作题(共 4 题，共 15 分)

打开 E:\模拟试题(五)\PowerPoint 文件夹。

1. 其操作步骤如下。

① 开启 PowerPoint 2010 应用程序，新建一个空白演示文稿。

② 按“Ctrl+S”快捷键将演示文稿保存在 E:\模拟试题(五)\PowerPoint 文件夹中，文

件名为“平安夜贺卡”。

2. 其操作步骤如下。

① 单击“开始”选项卡→“幻灯片”选项组→“版式”按钮，在下拉列表中选择“标题幻灯片”。

② 在主标题输入“平安夜的祝福”，设置字体格式为华文行楷、72号、加粗、居中、红色，对齐方式为居中。

③ 在副标题输入“神说：所谓幸福，是有一颗感恩的心，一个健康的身体，一份称心的工作，一位深爱你的人，一帮信赖的朋友，你会拥有这一切！我说祝你：圣诞快乐，平安夜快乐！”，设置对齐方式为“左对齐”，设置字体格式为幼圆、32号、加粗、白色，对齐方式为左对齐。

④ 单击“设计”选项卡→“背景”选项组→“背景样式”按钮，在下拉列表中选择“设置背景格式”选项，弹出“设置背景格式”对话框。在对话框的“填充”选项组中选中“图片或纹理填充”单选按钮，单击“文件”按钮，弹出“插入图片”对话框，选择要插入的图片平安夜.jpg，单击“插入”按钮返回“设置背景格式”对话框，单击“确定”按钮。

3. 其操作步骤如下。

① 按“Enter”键插入第二张空，单击“开始”选项卡→“幻灯片”选项组→“版式”按钮，在下拉列表中选择“标题和内容”。

② 单击“插入”选项卡→“文本”选项组→“艺术字”按钮，在下拉列表中选择“填充-白色，投影”艺术字样式，输入艺术字内容“圣诞节的狂欢”。将艺术字拖放到标题栏，并设置字体格式为华文行楷，60号。

③ 选定艺术字，单击“动画”选项卡→“动画”选项组右下角的对话框启动器按钮，弹出“缩放”对话框。在“效果”选项卡的“消失点”下拉列表框中选择“幻灯片中心”。在“计时”选项卡的“期间”下拉列表中选择“慢速(3秒)”，单击“确定”按钮。

④ 将光标置于内容栏中，单击“插入”选项卡→“图像”选项组→“图片”按钮，弹出“插入图片”对话框，在对话框中选择要插入的图片“圣诞节.jpg”文件，单击“插入”按钮；调整图片到合适大小。

⑤ 选定第二张幻灯片，单击“设计”选项卡→“主题”选项组，在主题列表中的“波形”主题上右击，在弹出的列表中选择“应用于选定幻灯片”选项。

4. 其操作步骤如下。

① 按“Ctrl”快捷键选定二张幻灯片，单击“切换”选项卡→“切换到此幻灯片”选项组→“闪光”选项，将两张幻灯片的切换效果设置为“闪光”。

② 单击“切换”选项卡→“设置”选项组→“排练计时”按钮，进入“录制”状态，每张幻灯片录制10秒钟。

③ 按“Ctrl＋S”快捷键保存演示文稿。

六、网络题(共2题，共7分)

1. 其操作步骤如下。

① 在IE浏览器中输入“百度MP3”网站地址：http://mp3.baidu.com/，按回车键。

② 在搜索文本框中输入“汪峰 存在”，单击“百度一下”按钮。

③ 单击下载按钮，在打开网页的“请点击此链接”处，右击，在弹出的快捷菜单中选

择“目标另存为”，弹出“另存为”对话框，选择存放目标 E:\模拟试题(五)\Internet，文件名为“汪峰-存在”，单击“保存”按钮。

2. 其操作步骤如下。

① 在 IE 浏览器中输入“资源共享”网站地址：202.116.44.67，按回车键。

② 在打开的网页中输入自己的考号作为登录用户名和密码登录网页。

③ 打开 E:\模拟试题(五)\Internet 文件夹，选定“期末复习大纲.docx”文件，按“Ctrl+C”快捷键复制该文件。

④ 在网站中打开 user/upload/word 文件夹，按“Ctrl+V”快捷键粘贴“期末复习大纲.docx”文件。

模拟试题(六)答案

一、单选题(每小题 1 分，共 15 小题，共 15 分)

1. B　2. A　3. A　4. B　5. D　6. D　7. D　8. D

9. D　10. B　11. D　12. A　13. D　14. D　15. D

二、Windows 操作题(每小题 2.5 分，共 6 小题，共 15 分)

1. 其操作步骤如下。

① 打开 E:\模拟试题(六)\Windows 文件夹。

② 单击常用工具栏上的搜索按钮。

③ 在“要搜索的文件或文件夹名为”文本框中输入需要搜索的文件为 MYGUANG.TXT。

④ 单击“立即搜索”按钮，即可搜索到 E:\模拟试题(六)\Windows 目录中 MYGUANG.TXT 文件。

⑤ 选定搜索到的文件，右击，在弹出的快捷菜单中选择“属性”选项，弹出“属性”对话框，勾选“隐藏”复选框，取消勾选其他属性复选框，单击“确定”按钮。

2. 其操作步骤如下。

① 打开 E:\模拟试题(五)\Windows 文件夹。

② 单击常用工具栏上的搜索按钮。

③ 在“要搜索的文件或文件夹名为”文本框中输入需要搜索的文件为 MYBOOK5.TXT。

④ 单击“立即搜索”按钮，即可搜索到 E:\模拟试题(六)\Windows 目录中 MY-BOOK5.TXT 文件。

⑤ 选定搜索到的文件，按“Delete”键删除选定的文件。

3. 其操作步骤如下。

① 打开 E:\模拟试题(六)\Windows\MON 文件夹。

② 右击，在弹出的快捷菜单中选择“新建”→“文本文档”。

③ 输入文件名“EMEISHAN”。

④ 选定 EMEISHAN 文件并双击打开，输入文件内容“2013 年 2 月 13 日至 2 月 23 日：第二十五届大学生冬季运动会在卢布尔雅娜举行！”。关闭并保存文档。

4. 其操作步骤如下。

① 打开 E:\模拟试题(六)\Windows\DO\AA1 文件夹。

② 选定 small. docx 文件,按“Ctrl+C”快捷键复制选定的文件。

③ 打开 E:\模拟试题(六)\Windows\DO\AA2 文件,按“Ctrl+V”快捷键粘贴文件。

5. 其操作步骤如下。

① 打开 E:\模拟试题(六)\Windows\DO\BB1 文件夹。

② 选定 JIAN. DOCX 文件,按“Ctrl+X”快捷键剪切选定的文件。

③ 打开 E:\模拟试题(六)\Windows\DO\BB2 文件,按“Ctrl+V”快捷键粘贴文件。

6. 其操作步骤如下。

① 打开 E:\模拟试题(六)\Windows 文件夹。

② 单击常用工具栏上的 搜索 按钮。

③ 在“要搜索的文件或文件夹名为”文本框中输入需要搜索的文件夹“ABC”。

④ 单击“立即搜索”按钮,即可搜索到 E:\模拟试题(六)\Windows 目录中 ABC 文件夹。

⑤ 选定 ABC 文件夹,右击,在弹出的快捷菜单中选择“重命名”,输入新文件夹名“OK”。

三、Word 操作题(共 6 题,共 26 分)

1. 打开 E:\模拟试题(六)\Word 文件夹,选定并双击 601. docx 文件。

(1) 其操作步骤如下。

① 选定正标题“军事学之圣典”,利用“开始”选项卡→“字体”选项组设置字体为黑体、字号为三号。

② “开始”选项卡→“字体”选项组→“拼音指南”按钮,给正标题加上拼音。

(2) 其操作步骤如下。

① 选定副标题“孙武兵法”,利用“开始”选项卡→“字体”选项组设置字体格式为楷体_GB2312,四号字。

② 单击“开始”选项卡→“字体”选项组→“文本效果”按钮,在下拉列表中选择“映象”→“全映像,8pt 偏移量”。

(3) 其操作步骤如下。

① 选定“发生时间”、“发生地点”、“推荐理由”、“事件经过”文本,单击“开始”选项卡→“段落”选项组→“下框线”按钮,在下拉列表中选择“边框和底纹”选项,弹出“边框和底纹”对话框。

② 在对话框中,切换到“边框”选项卡,选择“阴影”,并在“线条”样式中选择“双波浪线”,“颜色”下拉列表中选择“标准色蓝色”。

③ 在对话框中,切换到“底纹”选项卡,在“填充”下拉列表中选择“水绿,强调文字颜色5,淡色 80%”,在“图案”样式下拉列表中选择“20%”,单击“确定”按钮。

(4) 其操作步骤如下。

① 选定“事件经过”下第一段文字,右击,在打开快捷菜单中选择“段落”,弹出“段落”对话框。

② 在“段落”对话框中设置段落格式如下:左缩进为 1 字符,右缩进为 1 字符,首行缩进

为2字符,段前间距为1行,段后间距为1行,行距为1.5倍行距。

③ 保存文件并关闭。

2. 打开E:\模拟试题(六)\Word文件夹,选定并双击602.docx文件。

(1) 其操作步骤如下。

① 单击“插入”选项卡→“文本”选项组→“艺术字”按钮,在下拉列表中选择“蓝色,强调文字颜色1,塑料棱台,映像”选项。

② 在文本框中输入艺术字标题:广州将建城市原点标志。

③ 选定艺术字标题,单击“开始”选项卡→“段落”选项组→“居中”按钮,将艺术字居中显示。

④ 单击“格式”选项卡→“艺术字样式”选项组右下角的对话框启动器按钮,弹出“设置文本效果格式”对话框。

⑤ 在对话框中选择“三维旋转”选项,在右侧方框中的“旋转”选项组中设置Z轴旋转5度。

(2) 其操作步骤如下。

① 选定正文第一段,右击,在弹出的快捷菜单中选择“段落”,弹出“段落”对话框。

② 在对话框中设置段落的格式为左、右各缩进1厘米,单击“确定”按钮。

③ 选定文档最后两段,利用“段落”对话框将行距设为1.5倍行距。

(3) 其操作步骤如下。

① 双击页眉处,进入页眉编辑状态,输入“上机测试”,单击“段落”选项组中的“居中”。

② 单击“插入”选项卡→“页眉和页脚”选项组→“页码”按钮,在下拉列表中选择“页面底端”选项→“普通数字1”。

③ 选定插入的页脚数字,单击“插入”选项卡→“页眉和页脚”选项组→“页码”按钮,在下拉列表中选择“设置页码格式”选项,弹出“页码格式”对话框。

④ 在对话框中的“编号格式”下拉列表中选择“A,B,C……”。设置页眉和页脚的字体格式为黑体、小四。保存文件并关闭。

(4) 其操作步骤如下。

① 单击“插入”选项卡→“插图”选项组→“图片”按钮,弹出“插入图片”对话框。

② 在对话框中选择要插入的图片:城市原点.JPG,单击“插入”按钮。

③ 选定图片调整大小与第二段使其覆盖第二段,右击,在弹出的快捷菜单中选择“设置图片格式”,弹出“设置形状格式”对话框。

④ 在对话框中选择“图片颜色”选项,在右侧的“重新着色”选项组中的“预设”下拉列表中选择“冲蚀”,单击“确定”按钮。

⑤ 选定图片,右击,在弹出的快捷菜单中选择“大小和位置”选项,弹出“布局”对话框,切换到“文字环绕”选项卡,选择“环绕方式”为“衬于文字下方”,单击“确定”按钮。保存文件并关闭。

3. 打开E:\模拟试题(六)\Word文件夹,选定并双击603.docx文件。

(1) 其操作步骤如下。

① 单击“页面布局”选项卡→“页面设置”选项组右下角的对话框启动器按钮,弹出“页面设置”对话框。

② 在对话框设置“右边距”为 7 厘米，“下边距”为 6 厘米，单击“确定”按钮。

③ 单击“页面布局”选项卡→“页面设置”选项组→“文字方向”按钮，在下拉列表中选择“垂直”选项。

(2) 其操作步骤如下。

① 单击“页面布局”选项卡→“页面背景”选项组→“页面边框”按钮，弹出“边框和底纹”对话框。

② 切换到“页面边框”选项卡，在“艺术型”的下拉列表中选择“五支笔”选项，在“宽度”微调框中输入 20 磅，单击“确定”按钮。

(3) 其操作步骤如下。

将光标的插入点置于标题后面，单击“引用”选项卡→“脚注”选项组→“插入脚注”按钮。在插入脚注处输入“范大成”。

(4) 其操作步骤如下。

① 单击“页面布局”选项卡→“页面背景”选项组→“水印”按钮，在下拉列表中选择“自定义水印”选项，弹出“水印”对话框。

② 在对话框的“文字”文本框中输入“满江红 · 竹里行厨”；“颜色”下拉列表框中选择“蓝色”，单击“确定”按钮。保存文件并关闭。

4. 打开 E:\模拟试题(六)\Word 文件夹，选定并双击 604.docx 文件。

(1) 其操作步骤如下。

① 选定表格一，单击“设计”选项卡，在“表格样式”列表中选择“网格型 2”。

② 选定表格一，右击，在弹出的快捷菜单中选择“边框和底纹”选项，弹出“边框和底纹”对话框。

③ 在“边框”选项卡中的“样式”列表中选择“双实线”；“颜色”下拉框中选择“”浅蓝；“宽度”下拉列表中选择“1.5 磅”；在“预览”区域中单击上、下边框；单击“确定”按钮。

④ 保存并关闭文档。

(2) 其操作步骤如下。

① 选定表格二的第一行，右击，在弹出的快捷菜单中选择“插入”→“在上方插入行”。

② 选定表格二刚插入的行，单击“布局”选项卡→“合并”选项组→“合并单元格”按钮，输入“值班表”。

③ 选定“值班表”，使用“字段”选项组设置字体格式为小二、黑体。

(3) 其操作步骤如下。

① 单击“设计”选项卡→“绘图边框”选项组→“擦除”按钮，利用“擦除”工具去除表格二第一个单元格的上、左、右边框线。

② 选定表格二，在“布局”选项卡→“单元格大小”选项组中的“表格行高”微调框中输入 1 厘米。

③ 保存并关闭文档。

5. 打开 E:\模拟试题(五)\Word 文件夹，选定并双击 605.docx 文件。

(1) 其操作步骤如下。

① 将光标的插入点置于“上海世博会澳门馆”文字后面，按回车键。

② 选定“上海世博会澳门馆”标题，设置对齐方式为居中；字体格式为：华文行楷、一号

字加粗、红色。

③ 选定“上海世博会澳门馆”标题，单击“页面布局”选项卡→“页面背景”选项卡→“页面边框”按钮，弹出“边框和底纹”对话框。

④ 在“边框”选项卡，设置边框格式为 1.5 磅粗、橙色、单波浪线、阴影。

⑤ 切换到“底纹”选项卡，在“填充”下拉列表中选择“浅蓝”，单击“确定”按钮。

⑥ 选定标题，单击“开始”选项卡→“样式”选项卡，在下拉列表中选择“将所选内容保存为新快速样式”，弹出“根据格式设置创建新样式”对话框。在对话框的“名称”文本框中输入“A1”，单击“确定”按钮。

(2) 其操作步骤如下。

① 选定正文，利用“段落”对话框将段落格式设置为悬挂缩进 2 个字符，行距为 1.5 倍行距。

② 将光标插入点置于正文第一段的任意一个位置，单击“插入”选项卡→“文本”选项卡→“首字下沉”按钮，在下拉列表中选择“首字下沉选项”选项，弹出“首字下沉”对话框。

③ 在对话框中设置“位置”为“下沉”，“下沉行数”为 3，单击“确定”按钮。

(3) 其操作步骤如下。

① 单击“开始”选项卡→“编辑”按钮，在下拉列表中选择“替换”选项，弹出“查找和替换”对话框。

② 在“查找内容”文本框中输入“澳门馆”，在“替换为”文本框中输入“澳门馆”。

③ 将光标的插入点置于“替换为”文本框中，单击对话框中的“更多”按钮，在展开的对话框左下角单击“格式”按钮，在下拉列表中选择“字体”，弹出“替换字体”对话框。

④ “替换字体”对话框中设置字体的格式为二号、蓝色、加粗、加着重号，单击“确定”按钮返回到“查找和替换”对话框。

⑤ 单击对话框中的“全部替换”按钮，单击“确定”按钮。保存并关闭文档。

6. 打开 E:\模拟试题(六)\Word 文件夹，选定并双击 605.docx 文件。

(1) 其操作步骤如下。

① 将光标的插入点置于文档的第二段中间位置，单击“插入”选项卡→“插图”选项组→“图片”按钮，弹出“插入图片”对话框。

② 在对话框中选择要插入的图片“澳门馆.JPG”，单击“插入”按钮。

③ 选定图片，右击，在弹出的快捷菜单中选择“大小和位置”选项，弹出“布局”对话框，切换到“文字环绕”选项卡，选择“环绕方式”为“四周型”；切换到“大小”选项卡，设置高度和宽度缩放比例为 50%，单击“确定”按钮。

④ 单击“页面布局”选项卡→“页面背景”选项组→“页面颜色”按钮，在下拉列表中选择“填充效果”，弹出“填充效果”对话框。

⑤ 在“渐变”选项卡中选择“颜色”选项组中的“双色”单选按钮，并设置颜色 1 和颜色 2 分别为白色、黑色，“底纹样式”中选择“中心辐射”单选按钮，单击“确定”按钮。

(2) 其操作步骤如下。

① 将光标的插入点置于文档最后一段开始处，单击“插入”选项卡→“链接”选项组→“书签”按钮，弹出“书签”对话框。

② 在“书签名”文本框中输入 B1，单击“确定”按钮。

③ 选择图片，右击，在弹出的快捷菜单中选择“超链接”选项，弹出“插入超链接”对话框。

④ 在“链接到”列表中选择“本文档中的位置”选项，并在“请选择文档中的位置”列表中选择“书签”中的B1，单击“确定”按钮。保存文档并关闭。

四、Excel 操作题（共 5 题，共 22 分）

1. 打开 E:\模拟试题（六）\Excel 文件夹，选定并双击 601.xlsx 文件。其操作步骤如下。

① 选定 F 列，将鼠标置于列与列之间的边框线上，当鼠标指针成为黑色双十箭头，按住鼠标左键拖曳到 C 列与 D 列之间，松开鼠标左键。

② 选定单元格区域 A1:F1，单击“开始”选项卡→“对齐方式”选项组→“合并后居中”按钮。利用“开始”选项卡→“字体”选项组设置字体格式为：华文琥珀、浅蓝色、24 磅。

③ 选定单元格区域 A3:F3，利用“开始”选项卡→“字体”选项组设置字体格式为：黑体、18 磅；单击“开始”选项卡→“字体”选项组→“填充颜色”按钮，在下拉列表中选择“浅绿色”。

④ 选定单元格区域 A4:A13，利用“开始”选项卡→“字体”选项组设置字体格式为：隶书、12 磅；单击“开始”选项卡→“字体”选项组→“填充颜色”按钮，在下拉列表中选择“橙色”。

⑤ 单击“插入”选项卡→“插图”选项组→“剪贴画”按钮，打开“剪贴画”任务窗格，在“搜索文字”文本框中输入“书”，搜索后在列表中单击“书架上的四本书”剪贴画。选定刚插入的剪贴画并调整大小。

⑥ 选定“单价”列，右击，在弹出的快捷菜单中选择“设置单元格格式”选项，弹出“设置单元格格式”对话框。在“数字”选项卡的“分类”列表中选择“货币”，在“小数位数”微调框中输入 2，在“货币符号”下拉列表中选择人民币符号“￥”，单击“确定”按钮。按“Ctrl＋S”快捷键保存文档。

2. 打开 E:\模拟试题（六）\Excel 文件夹，选定并双击 602.xlsx 文件。其操作步骤如下。

① 选定 A3 单元格，在编辑栏输入：'0001。拖曳单元格右下角填充柄到 A22，填充其他职工编号。

② 选定 F3 单元格，在编辑栏输入公式：＝IF(E3＞2000,E3*12%,IF(E3＞1500,E3*8%,95))。拖曳单元格右下角填充柄到 F22，计算其他员工的补贴。

③ 选定 G3 单元格，在编辑栏输入公式：＝E3＋F3。拖曳单元格右下角填充柄到 G22，计算其他员工的应发工资。

④ 保存文档并关闭。

3. 打开 E:\模拟试题（六）\Excel 文件夹，选定并双击 603.xlsx 文件。操作步骤如下。

① 切换到“身份证号码”工作表，选定 A3 单元格，在编辑栏输入：'0001。拖曳单元格右下角填充柄到 A42，填充其他员工编号。

② 选定 D3 单元格，在编辑栏输入：＝DATE(MID(C3,7,2),MID(C3,9,2),MID(C3,11,2))。拖曳单元格右下角填充柄到 D42，计算其他员工的出生日期。

③ 单击“数据”选项卡→“排序和筛选”选项组→“排序”按钮，弹出“排序”对话框。在“主要关键字”下拉列表中选择“单位”，“次序”下拉列表中选择“升序”，单击“确定”按钮，完成将数据清单按“单位”升序排序。

④ 将光标插入点置于数据清单的任意一个单元格，单击“数据”选项卡→“分级显示”选项组→“分类汇总”按钮，弹出“分类汇总”对话框。按如图 5-32 所示设置“分类汇总”对话框的各个选项，单击“确定”按钮，汇总出各学院职工的人数。计算结果如图 5-33 所示。按“Ctrl＋S”快捷键保存文件。

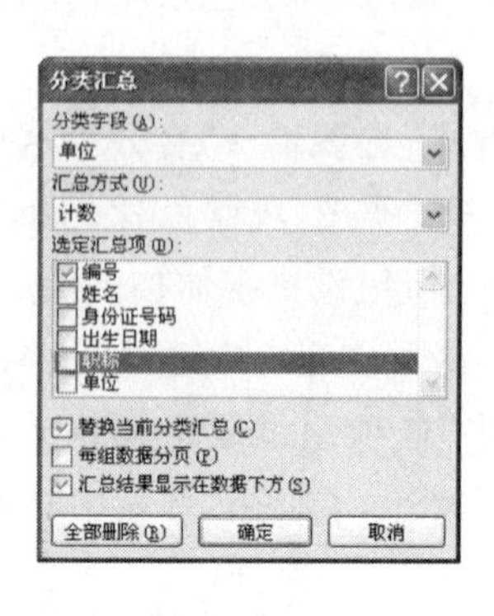

图 5-32 “分类汇总”对话框

	A	B	C	D	E	F	G
1							
2	编号	姓名	身份证号码	出生日期	职称	单位	
3	0001	江成诚	291101561221482	1956-12-21	副教授	信息学院	
4	0002	赵先眩	250701750831368	1975-8-31	助教	信息学院	
5	0003	林大五	260501730815360	1973-8-15	讲师	信息学院	
6	0004	吴国元	330812490120311	1949-1-20	讲师	信息学院	
7	0005	李丽群	310807750109308	1975-1-9	讲师	信息学院	
8	0006	金需村	260411580311181	1958-3-11	教授	信息学院	
9	0007	杨明华	260312461210184	1946-12-10	副教授	信息学院	
10	0008	许群君	270305440910350	1944-9-10	教授	信息学院	
11	0009	郑查眩	251304530219222	1953-2-19	副教授	信息学院	
12	0010	林鎏玲	440806540305207	1954-3-5	副教授	信息学院	
13	0011	温大成	330613640221372	1964-2-21	讲师	信息学院	
14	0012	周克	391102570617317	1957-6-17	讲师	信息学院	
15		12				信息学院 计数	
16	0013	朱明	370709660702504	1966-7-2	副教授	文学院	
17	0014	李明	301814740604243	1974-6-4	助教	文学院	

图 5-33 计算结果

4. 打开 E:\模拟试题(六)\Excel 文件夹，选定并双击 603. xlsx 文件。其操作步骤如下。

① 切换到“花名册”工作表，在 F2 为左上角按如图 5-34 所示创建条件区域。

② 选定数据清单中任意一个单元格，单击“数据”选项卡→“排序和筛选”选项组→“高级”按钮，弹出“高级筛选”对话框。在对话框中按图 5-35 所示设置各个选项，单击“确定”按钮，筛选结果见图 5-34。

F	G	H	I	J	K	L	M	N
专业	年级			姓名	性别	专业	年级	
中文	2000			陈亮	男	中文	2000	
中文	2001			余泽锋	男	中文	2001	
				林勇	男	中文	2001	
				黄毅清	男	中文	2000	
				郭彪	男	中文	2001	
				沈劲	男	中文	2000	
				何振东	男	中文	2000	
				吴华	女	中文	2001	

图 5-34 创建条件区域及筛选结果

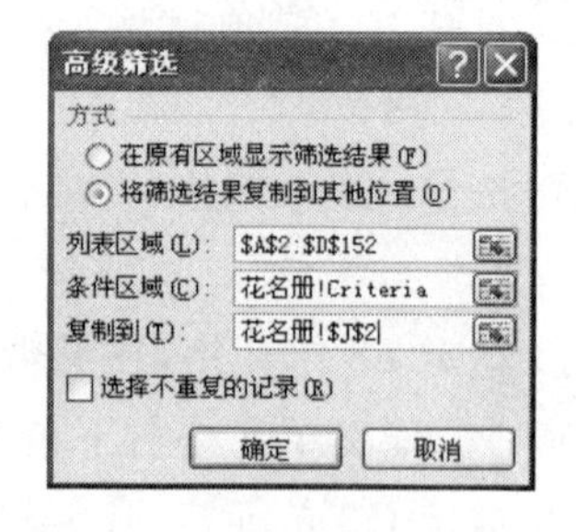

图 5-35 “高级筛选”对话框

③ 保存文档并关闭。

5. 打开 E:\模拟试题(六)\Excel 文件夹，选定并双击 603. xlsx 文件。其操作步骤如下。

① 切换到“销售额”工作表，单击“插入”选项卡→“图表”选项组→“柱形图”按钮，在下拉列表中选择“三维簇状柱形图”选项，进入图表编辑状态。

② 选定图表空白区，单击“设计”选项卡→“数据”选项组→“选择数据”按钮，弹出“选

择数据源”对话框。在对话框中的“图表数据区域”选择制作图表的数据：=销售额！$A $3：$A $7，销售额！$D $3：$E $7，单击“确定”按钮。

③ 选定“食品”数据列表，单击“开始”选项卡→“字体”选项组→“填充颜色”按钮，在下拉列表中选择“红色”。

④ 选定“玩具”数据系列，右击，在弹出的快捷菜单中选择“设置数据系列格式”，弹出“设置数据系列格式”对话框。单击对话框中的“形状”选项，选择“完整棱锥”选项；单击对话框中的“填充”选项，选择“渐变填充”单选按钮，在“预设颜色”下拉列表中选择“彩虹出岫”，单击“关闭”按钮。制作好的图表如图 5-36 所示。

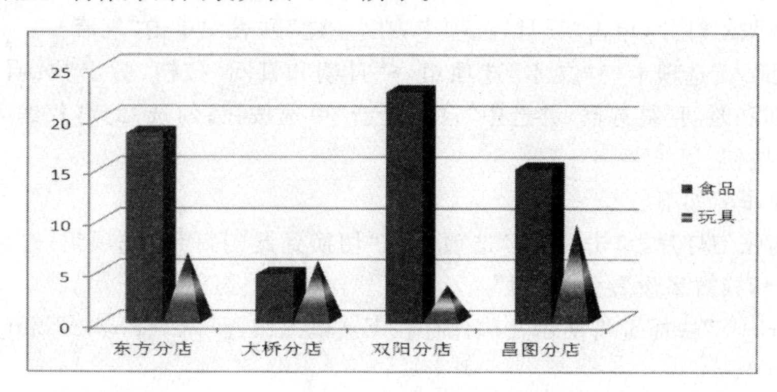

图 5-36　制作好的图表

⑤ 保存文件并关闭。

五、PowerPoint 操作题（共 4 题，共 15 分）

打开 E:\模拟试题(六)\PowerPoint 文件夹。

1. 其操作步骤如下。

① 开启 PowerPoint 2010 应用程序，新建一个空白演示文稿。

② 单击“开始”选项卡→“幻灯片”选项组→“版式”按钮，在下拉列表中选择“空白”。

③ 单击“插入”选项卡→“文本”选项组→“艺术字”按钮，在下拉列表中选择“第一行第一列”样式。输入艺术字“激情世界杯”，设置字体格式为 58 磅。

④ 选定艺术字，单击“格式”选项卡→“形状样式”选项组→“形状填充”按钮，在下拉列表中选择“渐变”→“其他渐变”选项，弹出“设置形状格式”对话框。选择“填充”选项，并勾选“渐变填充”单选按钮，在“预设颜色”下拉列表中选择“熊熊烈火”，单击“关闭”按钮。

⑤ 单击“插入”选项卡→“艺术字样式”选项组→“文字效果”按钮，在下拉列表中选择“转换”→“倒三角”选项。

⑥ 单击“插入”选项卡→“图像”选项组→“图片”按钮，弹出“插入图片”对话框，在对话框中选择要插入的图片“足球.jpg”文件，单击“插入”按钮；将图片置于艺术字下方并调整图片到合适大小。

2. 其操作步骤如下。

① 按“Enter”键插入第二张幻灯片，单击“开始”选项卡→“幻灯片”选项组→“版式”按钮，在下拉列表中选择“仅标题”。

② 输入标题内容：南非世界杯，并设置标题的字体格式为黑体，48 号，加粗；对齐方式为居中。

③ 单击“插入”选项卡→“图像”选项组→“图片”按钮，弹出“插入图片”对话框，在对话框中选择要插入的图片“世界杯.jpg”文件，单击“插入”按钮；将图片置于标题下方并调整图片到合适大小。

④ 选定图片，单击“动画”选项卡→“动画”选项组，在动画列表中选择“轮子”选项。右击，在弹出的快捷菜单中选择“超链接”，弹出“插入超链接”对话框，在“链接到”列表中选择“本文档中的位置”选项，并在“请选择文档中的位置”列表中单击“1.幻灯片 1”，单击“确定”按钮。

3. 其操作步骤如下。

① 选定两张幻灯片，单击“设计”选项卡，在“主题”列表中单击“气流”。

② 单击“插入”选项卡→“文本”选项组→“日期和日间”按钮，弹出“页眉和页脚”对话框。勾选“日期和时间”复选框，并选中“自动更新”单选按钮；勾选“幻灯片编号”复选框，单击“全部应用”按钮。

4. 其操作步骤如下。

① 选定两张幻灯片，单击“切换”选项卡→“切换到此幻灯片”选项组→“溶解”选项，将两张幻灯片的切换效果设置为“溶解”。

② 按“Ctrl＋S”快捷键将演示文稿保存在 E:\模拟试题(六)\PowerPoint 文件夹中，文件名为“世界杯”。

制作后的幻灯片如图 5-37 和图 5-38 所示。

图 5-37 第一张幻灯片

图 5-38 第二张幻灯片

六、网络题(共 2 题，共 7 分)

1. 其操作步骤如下。

① 在 IE 浏览器中输入“当当网”网站地址：http://www.dangdang.com/，按回车键。

② 在搜索文本框中输入“计算机等级考试二级 Access”，单击“搜索”按钮。

③ 单击“评论数”由高至低排列，双击评论数最多图书名，打开新的网页。单击“文件”→“保存网页”，弹出“保存网页”对话框，选择网页保存路径 E:\模拟试题(六)\Internet，修改文件名及保存类型，单击“保存”按钮。

2. 其操作步骤如下。

① 在 IE 浏览器中输入“大学生论坛”网站地址：http://bbs1.chinacampus.org/，按回车键。

② 在打开的网页中以自己的学号作用户名和密码注册一个用户。

③ 登录成功后，将登录的页面屏幕截图，并通过画图软件将截图以.jpg 格式保存到E:\模拟试题(六)\Internet 目录，文件名为：大学生论坛登录页面。

三、教程课后练习参考答案

练习一(模块一 初识计算机)

一、选择题

1.B　2.A　3. A　4.A　5.A　6.B　7.B　8.A　9.A　10.D

11.C　12.A　13.C　14.B　15.D　16.C　17.A　18.C　19.A　20.B

二、思考题

1. 一台完整的计算机应包括的硬件有哪些？

答：一台完整的计算机应包括主板、CPU、内存、显卡、硬盘、光驱、显示器、键盘、鼠标、电源和机箱。

2. 安装或拆卸硬件要注意什么？

答：需要注意的是：第一，不能接通系统电源；第二，触摸硬件前要释放人体上的静电，以免击穿配件，可以在操作前洗手或摸一下金属物或戴上防静电手套；第三，组装配件时不要将配件插错或者插反，任何配件都能轻松插入插槽中，如果不能，请注意配件的缺口是否对应上插槽的缺口。

3. RAM 和 ROM 有什么区别？给我们什么启示？

答：只读存储器(ROM)中所存储的信息是由制造厂家一次性写入的，并永久保存下来。当掉电或死机时，其中的信息仍能保留。

随机存储器(RAM)的信息可以被读出，也可以向其写入新的信息。计算机在运行时，系统程序、应用程序以及用户数据都临时存放在 RAM 中。开机时，系统程序将被装入其中，关机或断电时，其中的信息将随之消失。

启示：及时对工作的文件进行保存。

4. 计算机的主要性能指标有哪些？

答：但对于大多数普通用户，可以从以下几个指标来大体评价计算机的性能。

(1) 运算速度。计算机的运算速度是指计算机每秒钟执行的指令数。单位为每秒百万条指令，简称 MIPS(Million Instructions Per Second)。影响运算速度的有 CPU 的主频、字长和指令系统的合理性。

(2) 存储器的指标。存储器的指标由存取速度和存储容衡量。

(3) I/O 的速度。主机 I/O 的速度，取决于 I/O 总线的设计。

5. 网络中的计算机是否安装杀毒软件就安全了呢？

答：不安全，还要安装防火墙。防火墙是指隔离在本地网络与外界网络之间的一道防御系统，是这一类防范措施的总称。在互联网上，防火墙是一种非常有效的网络安全模型，通过它可以隔离风险区域与安全区域的连接，同时不会妨碍人们对风险区域的访问。

练习二(模块二 操作系统 Windows 7)

一、选择题

1.C 2.D 3.B 4.A 5.C 6.C 7.B 8.C 9.A 10.B

11.A 12.B 13.B 14.D 15.C

二、思考题

1. 如何将“视频”项目以菜单的方式显示在“启动”菜单中？

答：打开“自定义「开始」菜单”对话框，勾选“视频”下的“显示为菜单”复选框，确定更改。

2. 如果某个文件夹经常要用到的，应该怎么设置？某些经常访问的网站呢？

答：单击快速启动区的任务管理器图标，在列表中右击常用文件夹，在弹出的菜单中选择“锁定到此列表”命令。

设置经常访问的网站：先将网页浏览器锁定到任务栏，再将常用网站锁定到列表。

3. 如何改变窗口的大小？有哪些方法？

答：方法一：将光标移动到窗口边界手动调整其大小；方法二：利用标题栏的“最大化/向下还原”按钮；方法三：利用控制菜单。

4. 如何将通知区域的“音量”图标隐藏？

答：打开“通知区域图标”窗口，将“音量”设置为“隐藏图标和通知”或“仅显示通知”。

5. 如何限制他人使用自己的计算机？

答：为他人启动来宾用户或设置一个标准用户，并对管理员用户加密。还可以限制标准用户使用计算机时间和程序等。

练习三(模块三 文档处理 Word 2010)

一、选择题

1.B 2.B 3.D 4.C 5.A 6.D 7.B 8.C

9.A 10.B 11.C 12.D 13.C 14.C 15.B

二、思考题

1. Word 是一种什么类型的应用软件？

答：Word 是一种文字处理类型的应用软件。

2. Word 中文本对齐方式有哪几种类型？

答：Word 文档的对齐方式包括左对齐、右对齐、居中对齐、两端对齐和分散对齐。

3. 如何进行邮件合并？

答：邮件合并的一般操作步骤如下。

① 创建主文档和数据源文件。

② 设置主文档类型。

③ 打开数据源文件。

④ 插入合并域。

⑤ 预览合并结果。

⑥ 合并到新文档。

4. Word 2010 新增了哪些功能？请列举其中 5 种。

答：① 快速查看文档的导航窗格。

② 轻松去除图片背景。

③ 随用随抓——屏幕截图。

④ 更完美的图片编辑工具。

⑤ SmartArt 图形。

5. 插入目录的方式有哪几种？

答：插入目录的方式有手动添加目录、自动生成目录和自定义生成目录 3 种。使用自动生成目录功能可以很方便地生成目录，但是以这种方式生成的目录无法修改目录的显示效果；使用自定义生成目录的方式可以按照用户的需求生成目录。

练习四（模块四 电子表格 Excel 2010）

一、选择题

1. B　2. B　3. C　4. D　5. B　6. D　7. A　8. B　9. A　10. A

11. C　12. C　13. A　14. C　15. A　16. C　17. A　18. D　19. C　20. C

二、思考题

1. Excel 工作簿与工作表有怎样的关系？

答：工作簿是 Excel 用来储存并处理数据的文件，是使用 Excel 制作表格数据的基础，所有新建的工作表都保存在工作簿中。Excel 工作簿是包含一个或多个工作表的文件，在每个工作簿中又可以创建、插入多个工作表。

2. 什么是工作表？工作表有哪些基本操作？

答：工作表包含在工作簿中，工作簿像一个容器，装有多个工作表，而所有的数据和图表都在工作表中进行操作处理。工作表的基本操作包括选择工作表、插入工作表、移动工作表、复制工作表、重命名工作表、删除工作表和保护工作表。

3. 使用公式时，单元格的引用方式有哪几种？

答：单元格的引用主要有绝对引用、相对引用和混合引用 3 种方式。

① 相对引用。公式中的相对单元格引用（如 A1）是基于包含公式和单元格引用的单元格的相对位置。如果公式所在单元格的位置改变，引用也随之改变。

② 绝对引用。公式中的绝对单元格引用（如 $A $1）总是在特定位置引用单元格。如果公式所在单元格的位置改变，绝对引用将保持不变。

③ 混合引用。混合引用具有绝对列和相对行或绝对行和相对列。绝对引用列采用 $A1、$B1 等形式。绝对引用行采用 A $1、B $1 等形式。如果公式所在单元格的位置改变，则相对引用将改变，而绝对引用将不变。

4. 常用的图表有哪些类型？它们各有什么特点？

答：① 柱形图的主要用途为显示或比较多个数据组，显示一段时间内数据的变化情况，或者显示不同项目之间的比较情况。

② 条形图的用途与柱形图类似，但更适用表现项目间的比较。

③ 折线图显示各个项目之间的对比以及某一项目的变化趋势（例如过去几年的销售总额）。

④ 饼图显示组成数据系列的项目在项目总和中所占的比例。

⑤ 面积图显示数值随时间或类别的变化趋势，通过显示已绘制的值的总和，面积图还可以显示部分与整体的关系。

5. 设置数据有效性有什么作用？怎样设置数据的有效性？

答：用于对需要输入的数据加以说明和约束，不但可以增加数据的准确性，还可以增加输入数据的速度。设置数据有效性的具体操作步骤如下。

① 选择一个或多个需要验证的单元格，如 G21。单击“数据”→“数据工具”→“数据有效性”命令，在弹出的菜单中选择“数据有效性”命令。

② 弹出“数据有效性”对话框，单击“设置”命令，在“允许”下拉列表框中选择所需要的数据有效性类型，如“整数”、“小数”、“日期”等命令。激活下面的文本框并输入有效性条件。

③ 单击“输入信息”命令，在“标题”文本框中输入“请输入分数”。在“输入信息”文本框中输入“只能输入 100 以内的正整数”。

④ 单击“出错警告”命令，在“样式”下拉列表框中选择“警告”命令。在“标题”文本框中输入“输入有误”，在“错误信息”文本框中输入“用户输入的分数超出了允许范围”。

⑤ 设置好后单击“确定”按钮，返回工作表，单击 G21 单元格，在该单元格右下方显示一个输入信息提示框。

⑥ 向该单元格输入数值，如果输入的数值大于 100，将会弹出警告对话框。

6. Excel 的筛选功能有什么作用？怎样创建高级筛选？

答：通过筛选工作表中的信息，可以快速查找数值。通过筛选一个或多个数据列，用户可以显示需要的内容，隐藏其他内容。

使用高级筛选的具体操作步骤如下。

① 打开要进行筛选的工作表，在工作表中创建一个条件区域，如 B22:D23，在该单元格区域中输入筛选条件。

② 单击“数据”→“排序和筛选”→“高级”按钮，弹出“高级筛选”对话框。

③ 根据实际需要，在“方式”中选择“在原有区域显示筛选结果”或“将筛选结果复制到其他位置”。这里选中“在原有区域显示筛选结果”单选按钮。

④ 单击“列表区域”右侧的按钮，选择要进行筛选的数据区域。单击“列表区域”右侧的按钮，还原“高级筛选”对话框。单击“条件区域”右侧的按钮，选择已经设置好的条件区域 B22:D23。

⑤ 单击“条件区域”右侧的按钮，还原“高级筛选”对话框。

⑥ 单击“确定”按钮，返回工作表，可以看到筛选出了语文、数学、外语成绩都高于 90 分的学生数据。

7. 分类汇总有什么作用？怎样创建数据分类汇总？

答：需要对满足条件的数据进行汇总，以便于能够方便、直观地看到数据统计结果。

创建分类汇总的具体操作步骤如下。

① 打开需要进行分类汇总的工作表，单击需要汇总的分类字段(如姓名)所在列的任一单元格。单击“数据”→“排序和筛选”→“升序”或“降序”按钮，对该类排序。

② 单击“数据”→“分级显示”→“分类汇总”按钮，如图 4-54 所示。

③ 弹出“分类汇总”对话框，在“分类字段”下拉列表框中选择已经排序的字段名称如

“姓名”。在“汇总方式”下拉列表框中选择汇总的方式,如“求和”。在“选定汇总项”列表框中选择要进行汇总的项目,如“语文、数学、外语”。

④ 设置完成后,单击“确定”按钮,即可显示汇总结果。

8. 数据透视表有什么作用? 怎样创建数据透视表?

答:数据透视表是一种非常有用的数据分析工具,无须借助公式或函数就能够自动汇总和分析数据。与分类汇总以及分级显示通过修改用户表格的结构进而显示对数据的汇总不同,数据透视表是在工作簿里创建新的元素,当用户添加或编辑表格中的数据时,所作出的更改也将在数据透视表上显示。

创建数据透视表的步骤如下。

① 制作完用于创建数据透视表的源数据后,就可以使用数据透视表向导创建数据透视表了。

② 打开需要创建数据透视表的工作表,单击 “插入”→ “表格”→“数据透视表”按钮(或者单击“数据透视表”右侧的下拉按钮,再选择“数据透视表”命令),打开“创建数据透视表”对话框。

③ 在“请选择要分析的数据”命令组中,选中“选择一个表或区域”单选按钮,单击“表/区域”文本框右侧的按钮。

④ 在工作表中选择需要作为创建数据透视表数据的单元格区域,单击按钮返回“创建数据透视表”对话框。

⑤ 在“选择放置数据表透视表的位置”命令组中选择创建的位置,如“新工作表”。

⑥ 单击“确定”按钮,即可根据选择的位置在工作表中创建数据透视表。在右侧显示“数据透视表字段列表”窗格。

练习五(模块五 演示文稿制作 PowerPoint 2010)

一、选择题

1.C　2.A　3.D　4.B　5.A

二、思考题

1.演示文稿包括哪些视图? 各视图的作用是什么?

答:PowerPoint 2010 为用户提供了 4 种视图方式,即普通视图、幻灯片浏览视图、备注页视图和阅读视图。

① 普通视图:在普通视图中,用户可以看到预览视图区、幻灯片编辑区和备注区,预览视图区中包括了幻灯片窗格和大纲窗格。用户可分别编辑这些区的内容。

② 幻灯片浏览视图:幻灯片浏览视图可以让用户查看演示文稿中的所有幻灯片,让用户能够快速定位到所要查看的幻灯片。

③ 备注页视图:在备注页视图中,用户可以编辑备注窗格中的内容。在这一备注页视图中编辑备注有别于普通视图的备注窗格的编辑,在此视图中,用户能够为备注页添加图片内容。

④ 阅读视图:在幻灯片阅读视图下,演示文稿的幻灯片内容将以全屏的形式显示出来,如果用户设置了动画效果和幻灯片切换等,此视图上将全部效果显示出来。在此视图中,用户可以仔细查看幻灯片每个动画效果,检验演示文稿的正确性。

2. 演示文稿中母版与主题的区别是什么? 分别有什么用?

答:幻灯片母版是幻灯片层次结构中的顶层幻灯片,用于存储有关演示文稿的主题和幻灯片版式的信息，包括背景、颜色、字体、效果、占位符大小和位置。每个演示文稿至少包含一个幻灯片母版。

主题保存了所有幻灯片的显示颜色、字体和效果的配置信息。

3. 为什么需要进行“检查文档”？

答：在设置演示文稿安全操作中，使用 Powerpoint 的“检查文档”功能删除在 PowerPoint 及早期版本中创建的 PowerPoint 演示文稿中的隐藏数据和个人信息。

4. 放映演示文稿的常用方法有哪些？

答：PowerPoint 2010 提供了多种幻灯片放映方式，包括“从头开始”、“从当前幻灯片开始”和“广播幻灯片”等，还提供了用户自定义放映方式和计时排练。

5. PowerPoint 2010 中 4 种不同类型的动画效果的含义是什么？

答：PowerPoint 2010 中有以下 4 种不同类型的动画效果。

① “进入”效果表示元素进入幻灯片的方式。例如，可以使对象逐渐淡入焦点、从边缘飞入幻灯片或者跳入视图中。

② “强调”效果表示元素在幻灯片中突出显示的效果，这些效果的示例包括使对象缩小或放大、更改颜色或沿着其中心旋转。

③ “退出”效果表示元素退出幻灯片的动画效果，这些效果包括使对象飞出幻灯片、从视图中消失或者从幻灯片旋出。

④ 动作路径表示元素可以在幻灯片上按照某种路径舞动的动画效果。使用这些效果可以使对象上下移动、左右移动或者沿着星形或圆形图案移动。

练习六(模块六 多媒体应用)

一、选择题

1. D　2. D　3. D　4. A　5. B

二、思考题

1. 电视属于多媒体技术吗？

答：不属于。

多媒体计算机技术，即计算机综合处理声音、文字、图形图像信息的技术，具有集成性、实时性和交互性。从中可以发现电视缺少了与人的交互性，电视节目是线性的，从头到尾观众只能被动地看节目，不能参与其中。

2. 在制作电子相册之前需要做好哪些准备工作？

答：准备好素材，包括图片、声音等。并用相关多媒体工具处理好各种媒体，比如统一图片大小。

3. 怎么制作物体在做平移运动的同时进行自转运动的 Flash 动画？

答：在动画开始的开始帧(关键帧)上旋放置一个元件，然后在结束帧(关键帧)上设置元件的位置(按住“Shift”键移动元件)，右击中间帧(两关键帧之间)，在弹出的快捷菜单中选择“创建补间动画”命令，平移动画制作好；让光标继续停在两关键帧之间，在属性面板设置“旋转”项，可选择“顺时针”或“逆时针”，并设置旋转次数。

练习七(模块七 信息检索与管理)

一、选择题

1. D　2. B　3. B　4. A　5. B　6. C　7. D　8. C　9. A　10. B

二、思考题

1. 中文搜索引擎和英文搜索引擎的使用方法主要是什么?

答:中文搜索引擎主要包括百度、谷歌;英文搜索引擎主要包括 Yahoo、Infoseek。

2. 文献管理软件的主要功能有哪些?

答:Endnote 主要是对英文文献的管理软件,主要功能如下。

① 文献资料的管理。易查、易更新、易编辑、易共享。

② 简单的统计分析。

③ Endnote+Word 协助撰写论文。参考文献、论文格式编排、转换等。

练习八(模块八 网页制作 Dreamweaver CS5)

一、选择题

1.C 2.B 3.A 4.D 5.B 6.B 7.A 8.D 9.C 10.D

11.D 12.D 13.D 14.A 15.D 16.A 17.A 18.C 19.D 20.B

二、思考题

1. 使用 CSS 有什么优点? 有什么缺点?

答:① 优点:利用它可以对网页中的所有网页布局及内容格式进行精确控制;不但可以控制一篇文档,而且可以同时控制多篇文档的网页布局及内容格式;它将表现与内容分离,便于设计和维护;可以制作体积更小、下载更快的网页;便于关键内容搜索引擎搜索收集;

② 缺点:某些浏览器兼容性不够;个别特殊地方,用表格反而更有优势。

2. 表格的宽度和高度的两种设置方法及各自的特点是什么?

答:有百分比和像素两种单位的设置方法。以百分比为单位进行设置,按照网页在浏览时,浏览器的宽度(或高度)为基准;以像素为单位时,设置的表格实际宽度(或高度)。

对象用百分比设置方法时,其大小随容器对象的大小同步变化。对象用像素设置方法时,其大小不随容器对象的大小的变化而变化,保持固定。

3. 我们都知道,在 Dreamweaver 中,图片对象往往是独占一行的,那么文字内容只能在与其平行的一行的位置上,怎么样才可以让文字围绕着图片显示呢?

答:选中图片,在属性面板的右上方用户能看到一个“Align”的属性选单,选择“Left”,这时会发现文字已经均匀地排列在图片的右边了。

4. 通过建立一个 1 行 1 列的表格,然后将它的“Border”值设为 1,并不是所说的边框为 1 的方格,而是要“粗”很多,那么如何制作一个边框为 1 的方格呢?

答:先插入一个 1 行 1 列的表格,将表格的“border”、“cellpadding”设置为“0”,“cellspacing”设置为“1”。设定表格的“bgcolor”为红色(即为边框的颜色),同时设定单元格的“bgcolor”为白色(即同背景色)。

5. 访问网站时,经常能见到不少可以用鼠标拖曳的元素,其中以图片居多,比如,一张广告图片挡住了用户想浏览的内容,用户完全可以用鼠标选中把它扔到一边去。那么,网页中可以随便拖曳的对象是怎么建立的?

答:制作这种效果是通过图层的“Drag Layer”行为实现的,单击 Behavior 面板中“+”号,选择“Drag Layer”,当然之前用户必须保证目标图层处于选中状态,再进行简单设置。

附　　录

全国高等学校计算机水平考试Ⅰ级——“计算机应用”考试大纲

Windows 7 ＋ Office 2010 版

一、考试目的与要求

计算机应用技能是大学生必须具备的实用技能之一。通过对“大学计算机基础”或“计算机应用基础”课程的学习，使学生初步掌握计算机系统的基础知识、文档的编辑、数据处理、网上信息的搜索和资源利用，以及幻灯片制作等基本计算机操作技能。“计算机应用”考试大纲是为了检查学生是否具备这些技能而提出的操作技能认定要点。操作考试要求尽量与实际应用相适应。其考试的基本要求如下。

① 了解计算机系统的基本概念，具有使用微型计算机的基础知识。

② 了解计算机网络及因特网(Internet)的基本概念。

③ 了解操作系统的基本功能，熟练掌握 Windows 7 的基本操作和应用。

④ 熟练掌握一种汉字输入方法和使用文字处理软件 Word 2007/2010 进行文档编辑及排版的方法。

⑤ 熟练掌握使用电子表格软件 Excel 2007/2010 进行数据处理的方法。

⑥ 熟练掌握使用演示文稿软件 PowerPoint 2007/2010 进行创建、编辑和美化演示文稿的方法。

⑦ 熟练掌握因特网(Internet)的基本操作和使用。

考试环境要求：操作系统为 Windows 7，Office 系统为 Office 2007/Office 2010 环境。

由于考试保密的需要，要求考生端在考试期间必须断开外网(因特网)。因此，网络部分和邮件部分的操作题将在局域网环境下进行。

考试分为选择题和操作题两种类型。以下“考试要求”中列示的各种概念或操作，是选择题的基本构成；每道操作题包含一个或多个“操作考点”。

二、考试内容

(一) 计算机系统和 Windows 7 操作系统

【考试要求】

掌握计算机系统的基本构成与工作原理，计算机系统的硬件系统和软件系统的基本概念及应用，计算机系统的优化设置，病毒的概念和预防，Windows 7 窗口组成和窗口的基本操作，对话框、菜单和控制面板的使用，桌面、“计算机”和“资源管理器”的使用，文件和文件夹的管理与操作。

【操作考点】

1. 桌面图标、背景和显示属性设置。

对 Windows 7 的桌面图标、背景和各项显示属性进行设置。

2. 文件、文件夹的基本操作

在“计算机”或“资源管理器”中，进行文件和文件夹的操作：文件和文件夹的创建、移动、复制、删除、重命名、搜索，文件属性的修改，快捷方式的创建，利用写字板、记事本建立文档。Win RAR 压缩软件的使用。

（二）文档与文字处理软件 Word 2010

【考试要求】

掌握文档的建立、保存，编辑，排版，页面设置，对象的插入。打印输出设置（由于没有连接打印机，暂不考试，但要求学生掌握）。

【操作考点】

1. 文档的建立和保存

建立空白文档、使用模板建立各种文档；文档按一定的文字格式输入；标点、特殊符号的输入；以及文档或多种其他文件格式保存在指定的文件夹下。

2. 文档的编辑

(1) 文本内容的增加、删除、复制、移动、查找或替换（包括格式、特殊格式替换），文档字数统计，文档的纵横混排，合并字符、双行合一，拼写和语法。

(2) 对象的插入与编辑。

① 表格的设置：表格的制作与表格内容的输入；表格属性的设置、斜线表头的制作；拆分、合并单元格；表格的格式化（字体、对齐方式、边框、底纹、文字方向、套用格式）；表格与文字互换；在表格中使用公式进行简单的求和、求平均值及计数等函数运算。

② 插入图片文件或剪贴画。改变图片格式，比如大小、文字环绕，图片下加注说明，并放置在指定位置等。

③ 插入艺术字。艺术字内容的输入与格式设置。

④ 插入各种形状的自选图形并添加文字及设置格式。

⑤ 按要求插入“页眉与页脚”、页码、首页页眉和奇偶页页眉的设置；给指定字符制作批注、脚注/尾注、题注；插入书签和超链接。

⑥ 在指定位置插入（合并）其他“文件”。

⑦ 在指定位置插入“竖排”或“横排”文本框。

⑧ 插入 SmartArt 图形，比如结构图的制作：在指定位置制作 3～4 层和列的组织或工作结构图。

⑨ 插入复杂的数学公式。使用数学符号库构建数学公式。

(3) 样式的建立和应用。“样式”的新建、修改、应用。

(4) 对文档修订的插入、删除和更改，格式设置。

(5) “计算”工具的应用（文档中求解简单四则运算和乘方数学公式运算结果）。

(6) 域的添加和修改。

(7) 宏的录制、编辑、删除与运行。

3. 文档的排版

(1) 字符格式的设置：中文/西文字体、字形、字号、字体颜色、底纹、下画线、下画线颜色、着重号、删除线、上、下标、字符间距、字符缩放。

（2）段落格式的设置：左右缩进、段前/段后间距、行距（注意度量单位：字符、厘米、行和磅）、特殊格式、对齐方式；首字下沉/悬挂（字体、行数、距离正文的位置）、段落分栏；设置项目符号和编号（编号格式、列表样式、多级符号、编号格式级别）。

（3）页面布局：页边距与纸张设置。

（4）边框与底纹，背景的填充和水印制作。

（5）大纲级别和目录的生成：能利用“索引和目录”功能，在指定的文档中制作目录。

（6）建立数据源，进行邮件合并。

（三）电子表格制作软件——Excel 2010

【考试要求】

熟练掌握工作表的建立、编辑、格式化；图表的建立、分析；数据库的概念和应用；表达式和基础函数的应用。

【操作考点】

1. 数据库（工作表）的建立

（1）理解数据库的概念，理解字段与记录的基本概念，掌握各种类型数据的输入。

（2）公式的定义和复制（相对地址、绝对地址、混合地址的使用；表达式中数学运算符、文本运算符和比较运算符、区域运算符的使用）。

（3）掌握单元格、工作表与工作簿之间数据的传递。

（4）创建、编辑和保存工作簿文件。

2. 工作表中单元格数据的修改，常用的编辑与格式化操作

（1）数据/序列数据的录入、移动、复制、选择性（转置）粘贴，单元格/行/列的插入与删除、清除（对象包括全部、内容、格式、批注）。

（2）页面设置（页面方向、缩放、纸张大小，页边距、页眉/页脚）。

（3）工作表的复制、移动、重命名、插入、删除。

（4）单元格样式的套用、新建、修改、合并、删除（清除格式）和应用。

（5）单元格或区域格式化（数字、对齐、字体、边框、填充背景图案、设置行高/列宽）、自动套用格式、条件格式的设置。

（6）插入/删除/修改页眉、页脚、批注。

（7）插入/删除/修改自选图形、SmartArt 图形、屏幕截图。

3. 函数和公式应用

掌握以下函数，按要求对工作表进行数据统计或分析。

（1）数学函数：ABS、INT、ROUND、TRUNC、RAND。

（2）统计函数：SUM、SUMIF、AVERAGE 、COUNT、COUNTIF、COUNTA 、MAX、MIN 、RANK。

（3）日期函数：DATE、DAY、MONTH、YEAR、NOW、TODAY、TIME。

（4）条件函数：IF、AND、OR。

（5）财务函数：PMT、PV、FV。

(6) 频率分布函数：FREQUENCY。

(7) 数据库统计函数：DCOUNT、DCOUNTA、DMAX、DMIN、DSUM、DAVERAGE。

(8) 查找函数：VLOOKUP。

4. 图表操作

(1) 图表类型、应用与分析。

(2) 图表的创建与编辑：图表的创建，插入/编辑/删除/修改图表(包括图表布局、图表类型、图表标题、图表数据、图例格式等)。

(3) 图表格式的设置。

(4) 数据透视图的应用。

5. 数据库应用

(1) 数据的排序(包括自定义排序)。

(2) 筛选(自动筛选，高级筛选)。

(3) 分类汇总。

(4) 数据有效性的应用。

(5) 合并计算。

(6) 模拟分析。

(7) 数据透视表的应用。

(四) 演示文稿制作软件——PowerPoint 2010

【考试要求】

熟练掌握演示文稿的创建、保存、打开、制作、编辑和美化操作。

【操作考点】

1. 演示文稿的创建、保存与修改

(1) 幻灯片内容的输入、编辑、查找、替换与排版。

(2) 演示文稿中幻灯片的插入、复制、移动、隐藏和删除。

(3) 幻灯片格式设置(字体、项目符号和编号)、应用设计主题模板、幻灯片版式。

(4) 对象元素的插入、编辑、删除(包括：图片/音频/视频文件、自选图形、剪贴画、艺术字、SmartArt 图形、屏幕截图、文本框、表格、图表、批注)。

(5) 幻灯片背景格式、超链接设置。

(6) 幻灯片母版，讲义、备注母版的创建。

(7) 演示文稿的保存和打印。

2. 文稿的播放

(1) 幻灯片动画的设置(包括幻灯片切换效果、动作按钮、自定义动画、动作路径、动画预览、声音/持续时间)。

(2) 幻灯片放映方式、自定义放映设置。

(3) 添加 Flash 动画。

（五）网络应用

【考试要求】

掌握Internet的基本概念(包括IP地址、域名、URL、TCP/IP协议以及电子邮件协议等)、接入方式和网络应用交流技巧;熟悉IE浏览器和常用网络软件的使用;熟练掌握文件、图形的上传与下载,收发电子邮件,网络资源的查找与应用。

【操作考点】

1. 网站上电子邮箱的申请,电子邮件(含附件)的发送和接收。

2. 匿名或非匿名方式登录FTP文件服务器,上传和下载文件,创建、删除文件和文件夹。

3. 网页搜索引擎的应用、网页页面的保存,网页中文本和图片下载与保存。

三、考试方式

1. 机试(考试时间:105分钟)。

2. 考试试题题型(分值):选择题15题(15分),Windows操作题6题(15分),Word操作题6题(26分),Excel操作题5题(22分),PowerPoint操作题4题(15分),网络操作题2题(7分)。

参考文献

[1] 骆耀祖,叶丽珠. 大学计算机基础. 北京:北京邮电大学出版社,2010.

[2] 骆耀祖,叶丽珠. 大学计算机基础实验教程. 北京:北京邮电大学出版社,2010.

[3] 陈瑞琳,刘宝成. Office 2010 现代商务办公手机. 北京:中国青年出版社,2010.

[4] 申艳光. 大学计算机基础案例教程. 北京:科学出版社,2007.

[5] 丛书编委会. 计算机应用基础——Windows 7+Office 2010 中文版. 北京:清华大学出版社,2011.

[6] 恒盛杰资讯. 新编中文版 Office 五合一教程(2010 版). 北京:中国青年出版社,2011.

[7] 董久敏. Windows 7 + Office 2010 电脑办公从新手到高手. 北京:人民邮电出版社,2011.